JN172130

宇宙を見た人たち

宇宙を見た人たち

現代天文学入門

二間瀬 敏史

海鳴社

はじめに

子供のころ、天文少年だった私は小遣いをためて、口径10センチメートルほどの反射望遠鏡を買いました。天体写真集にあるようなカラフルな星雲や渦巻銀河が見えると思ったのですが、もちろんそんな小さな望遠鏡では見ることができませんでした。そしていつか大きな望遠鏡をのぞいて実際に銀河の渦巻を見てみたいと夢想していました。

月日が経って私は宇宙論の研究者となり、ハワイのマウナケア山頂にあるすばる望遠鏡で重力レンズの観測をする機会を得、長年の夢を果たすことができました。もちろん肉眼では見ることができませんが、３分間ほどのショット毎に撮像された画像がモニターに映し出されていました。そこには大小さまざまな銀河が視野いっぱいに映っています。きれいな渦を巻いたのもあれば、衝突している真っ最中の銀河、チェーンでつながったような銀河たちなど見ていてあきることがありません。

子供のころと違い、今の私はモニターに映っているどの銀河にもその中心には巨大なブラックホールが潜んでいること、空間を埋め尽くすほど写っているたくさんの銀河は物質のほんの一部に過ぎず、宇宙にはその何倍もの光を出さない物質（暗黒物質）が存在することを知っています。

それどころか宇宙にはその暗黒物質の倍以上ものエネルギー（暗黒エネルギー）が存在し、現在の宇宙の膨張を加速していることも知っています。さらにこの宇宙が約１３８億年前にビッグバンと呼ばれる超高温、超高密度状態から始まったこと、そのビッグバンの前にインフレーション膨張と呼ばれる急激な加速膨張段階があった可能性があることなども知っています。そうやって始まった宇宙の中で4億年経ったころにできた原始銀河も発見されています。そういう知識をもってみればみるほど、モニターに映し出された宇宙の姿に見入ってしまいます。

現代の天文学は、宇宙の果てへ果てへと、その最前線を進めている一方で、銀河系内では太陽系外の惑星が多数発見され、その中には生命が生存できる環境をもつものがあり、天文学は従来の枠を超えて気象学、海洋学といった地球物理学、さらに生物学まで含めた新たな学問が作られようとしています。

このような宇宙についての知識や天文学の発展は20世紀後半以降の物理学と観測の急速な進展によってもたらされたものです。しかしその急速な進展も長い間の天文学者や物理学者の研究成果の集積の上ではじめて可能になったのです。

研究の流れは決して無から生じることはありません。かといってその流れはいつも同じペースで流れるわけではなく急に速くなったり、別の流れが加わったり、どこかで枝分かれしてそれが大きな流れになったりすることもあります。

流れを変えるきっかけをつくった人たちはそれぞれがとてもユニークな研究者です。その研究者たちの生い立ちや人となりにも触れることで、なぜそんな研究ができたのかの一端でも垣間見ることができたら、と考えて書いたのが本書です。もちろんここで取り上げた人たちだけが流れを変えたわけではありませんが、その代表的な人たちだと思ってください。

特に本書を書き終えるころ、アメリカの重力波望遠鏡ＬＩＧＯによって重力波検出の報道がありました。宇宙に向かって重力波という新しい窓が開かれたのです。本書でも電波天文学、Ｘ線天文学によって思いがけない宇宙の姿が見えてきたという話をしていますが、重力波でも同様のことが起こるでしょう。実際、検出された重力波を放出した天体は太陽質量の30倍程度のブラックホールの連星ですが、このような連星が存在することはごく一部の研究者を除いては想定されていませんでした。将来のある時点で同じような本を書くとしたら、重力波検出の開拓者ジョセフ・ウェーバーは必ず入っていることでしょう。

天文学の研究の雰囲気を、人としての研究者をとおして楽しんでいただけたら幸いです。

二〇一七年七月

京都産業大学教授　二間瀬敏史

目次

目次

第一部
天文学に強力な〝道具箱〟を提供した観測家たち

ヘンリエッタ・スワン・リービット

宇宙の〝物差し〟を見つけた〝ハーバード・コンピューターズ〟一の才媛

▲ハーバード大学のデスクに向かい、観測データを整理するリービット／出典＝Wikipedia パブリック ドメイン（https://en.wikipedia.org/wiki/Henrietta_Swan_Leavitt）

20世紀に入って人類の宇宙に関する考え方はがらりと変わりました。最初の登場人物は、このことに決定的に重要な研究をおこなったアメリカの天文学者、ヘンリエッタ・スワン・リービットです。

20世紀の始め、人類は、宇宙がそれまで考えられていた以上にはるかに大きい広がりをもつことを知りました。それまで人類は、私たちの太陽系を含む「天の川銀河」が宇宙そのものであり、また、星が宇宙の主人公だと思っていました。天の川銀河というのは、私たちが夜空を仰いでみる星々を含んだ膨大な数の星の集まりです。リービットが研究していたころまでは、ドイツ出身のイギリスの音楽家でアマチュア天文家のウィリアム・ハーシェルが自作の望遠鏡を使って描いた星の集団を「天の川銀河」と呼んでいて、観測的にそれ以外の銀河は知られていませんでした。哲学者のインマヌエル・カントは、想像力を働かせて現代の銀河に相当する「島宇宙」という概念を打ち出しましたが、これはあくまでも仮説に過ぎませんでした。20世紀の天文学はこの仮説が正しく、宇宙は星が何百億、何千億も集まって構成されている銀河が主人公の世界であることを発見したのです。この発見のきっかけをつくったのが、アメリカの女性天文学者リービットでした。

■「ハーバードで最も聡明な女性」の誕生

リービットは1868年、アメリカ、マサチューセッツ州ランカスターで会衆派教会牧師の子として生まれました。今でこそ民主主義のお手本を自負するアメリカですが、そのアメリカといえども、当時はまだ女性の社会的地位は低く、ハーバード大学でも男性にしか門戸を開放していませんでした。そのため79年、ハーバード大学の教員によってラドクリフ大学[1]という女性のための大学が創られました。

1892年、リービットはラドクリフ大学を卒業します。4年生のとき、天文学のコースをとってこの学問に強い興味を抱いたようです。卒業後、病気のため自宅で過ごさざるをえませんでしたが、天文

(1)1999年にハーバード大学と合併し、今では、「ラドクリフ高級研究所（Radcliffe Institute for Advanced Study）」の名に往時の面影を残しているのみ。

学に対する興味は彼女の心を捕らえて離しませんでした。

当時天文学では、望遠鏡で受けた天体の像を記録する手段として写真乾板（ガラス板に感光剤を塗ったもの）が利用され始めたばかりでした。写真乾板には、もちろん肉眼では見えない多数の星が写っていて、観測のたびごとに何十枚という割合で増え続けていました。そこで、当時ハーバード・カレッジ天文台の台長だったエドワード・C・ピッカリングは、高い能力をもった女性を膨大な数の写真乾板の整理、データ解析のために雇うことにしました。

リービットはそんな有能な女性の一人として1895年、無給で働き始めました。彼女たちは〝ハーバード・コンピューターズ〟とか〝ピッカリング・ハーレム〟とかと呼ばれ、来る日も来る日も、顕微鏡で写真乾板をのぞいては星の明るさなどのカタログ（＝一覧表）をつくっていました。

そのころ、リービットは体調がすぐれず、ときどき仕事を休みがちだったようです。おまけに、病気のせいで聴力が衰えてゆき、ほとんど聴こえなくさえなりました。しかし、彼女の真面目でていねいな仕事ぶりはピッカリングたちによって認められ、1902年には給料が支払われる定職が与えられました。とはいっても給料は時給30セントに過ぎませんでした。それでも、万事ひかえめで誠実な彼女の才能は、誰の目にも明らかで、のちに「ハーバードで最も聡明な女性」といわれるまでになりました。

ピッカリングはリービットに、変光星を見つけ、そのカタログを編さんする仕事を割り当てました。

変光星というのは時間的に明るさを変える星のことです。リービットは大小二つのマゼラン星雲⑵を時間をおいて撮影した写真乾板から2000個以上の変光星を見つけ、それらをカタログにまとめて、

１９０８年にハーバード・カレッジ天文台の「年次報告」に発表しました。

(2) ここでいう「マゼラン星雲」という呼び名は歴史上・慣習上のもので、「マゼラン雲」も同様。これら大小の「星雲」は本来、星の集まりで、私たちの銀河系と同様、銀河と呼ばれる天体の仲間。ちなみに今日の天文学では、「星雲」とは星と星のあいだの空間にただよう、原子や分子の気体（固体微粒子／星間塵）などからできている天体をいう。

これらの星を横軸に平均の明るさ、縦軸に変光周期（明るくなってから次に明るくなるまでの時間）とした図にプロットしてみると、おぼろげながら、明るい変光星ほど周期が長いという傾向がみられました。

■セファイド型変光星の「周期－光度関係」

変光星にはいろいろな種類があり、その中に「セファイド型変光星」と呼ばれるグループがあります。このタイプの変光星は星の進化の最後の段階近くで全体が膨らんだり縮んだりすることで明るさを変えますが、リービットはこのセファイド変光星に着目して、より詳細に調べてみました。

ここで問題になるのは、星の明るさは、観測者がいる所つまり観測地点（普通は地球上）からその星までの距離によって変わることです。どんなに明るい星でも、遠くにあれば暗く見えます。逆に暗い星でも、近くにあれば明るく見えます。したがって、星本来の明るさ、つまり観測距離とは無関係な明るさ（絶対光度）を星同士の間で比較しようと思ったら、同じ距離にある星だけをもってくる必要があるのです。そこで、リービットは小マゼラン星雲の32個のセファイド変光星だけを調べることにしました。

これらの変光星を選んだのは、同じ星雲の中にあるので地球から大体同じ距離にあると見なすことができるからです。
観測の結果、「明らかに変光周期の長いセファイド変光星ほど、平均的な明るさが明るい」という関係（天文学の世界では、この関係を「周期-光度関係」といいます）があることが分かりました。リービットはこの結果を、1902年の論文で発表しましたが、発表当初は、その成果はほとんど注目されなかったようです。

◥エドワード・ピッカリング◣
リービットなどの女性を雇い、データの整理を任せるという英断を下したエドワード・C・ピッカリングは、1846年、ボストンで生まれました。65年にハーバード大学を卒業後すぐに、マサチューセッツ工科大学で教師となり、77年にハーバード・カレッジ天文台長に就任、1919年に世を去るまで、その職にありました。ピッカリングは1882年に分光観測によって連星を発見したことでも有名です。ピッカリングを取り囲む〝ハーバード・コンピューターズ〟たちは、当時ピッカリングのハーレムと呼ばれていたことは、本文にも触れた通りです。それだけ女性の地位が低かったということです。しかし彼女たちは、リービットに限らず、のちの天文学に重要な貢献をしています。たとえば本文でも紹介したウィリアミーナ・フレミング（Williamina Paton Stevens Fleming, 1857 - 1911）は膨大な数の星の等級とスペクトルのカタログを作り、それによって星をスペクトルの特徴で分類する基礎を1890年に作りました。スペクトルにはその星に含まれる物質に特有な特徴があります。フレミングはスペクトルの中にあらわれる水素の特徴が多いものからA、B、C、……と分類していったのです。ハーバード分類と呼ばれる方法ですが、現在はスペクトルの特徴は星の表面温度に関係していることが分かっていて、温度の高い順にO、B、A、F、G、K、Mというように並べています。

以上の記述からは、ピッカリングは何もしていないように聞こえるかもしれませんが、そんなことはありません。リービットの研究をはじめ当時のハーバード・カレッジ天文台で行われた多くの研究は、ピッカリングがいなければ現れなかったでしょう。研究の方向性を示すというのは実際に研究をおこなう以上に重要な場合があるのです。ピッカリングは天文学に最も貢献した一人と言えるでしょう。

ちなみにエドワードの弟、ウィリアム・H・ピッカリングも天文学の道に進み、土星の第9衛星フェーベを発見することになりました。


セファイド変光星に関するリービットの発見の重要性が認識され、多くの天文学者にリービットの名前が知れ渡ったのは、発見後15年ほど経ってからのことでした。

１９２４年、スウェーデン王立科学アカデミーは、リービットをノーベル賞の有力候補と考えて、彼女について詳しい情報を得るために、当時ハーバード・カレッジ天文台（リービットの職場だった）の台長だったハーロー・シャプレーに問い合わせました。すると、リービットはすでに21年に亡くなっていること、そして彼女の発見に対する栄誉はその発見の意義を認識した自分（シャプレー）に与えられるべきだ、という返事をもらったそうです。シャプレーの人格・識見が、いささか疑われるような話ではあります。

ちなみに、〝ハーバード・コンピューターズ〟でリービットの同僚だった人の中にはデータ読み取りや解析だけでなく、実際に天文学的業績を上げた女性が何人かいました。とりわけ、ウィリアミーナ・P・S・フレミング(Williamina Paton Stevens Fleming, 1857 - 1911)というスコットランド出身女性は有名です。

ピッカリングは、代表的な研究である「星の分類」で大きな貢献をしたことで天文学者の間で有名なだけでなく、いわゆる「馬頭星雲」の発見者として、天文ファンのあいだでも名が知られている人です。意外なことにこの仕事に就く前リービットは、配偶者との離別後に生計を立てる必要に迫られ、ピッカリング家の家政婦をしていたのだそうです。そして、当時観測データの読み取りと解析に女性の手助けを求めていたピカリングに聡明さをかわれ、ハーバード・コンピューターズの一員になったのです。

■「大論争」

20世紀以前から、夜空には星や惑星とは違った、「星雲」と呼ばれる淡い光の雲のような天体があることはよく知られていました。その中には肉眼でも見える有名なアンドロメダ大星雲やオリオン大星雲がありますが、望遠鏡ではもっとたくさんの星雲を見ることが出来ました。

星雲にはその形によって色々な種類がありますが、楕円形で渦巻模様が見えるものがあります。19世紀の望遠鏡でもいくつかの渦巻星雲の中には星が見えていました。そこで渦巻星雲とは私たち太陽系を含む星の集団（天の川銀河）の外にあって天の川銀河と同じような天体であるという説や、天の川銀河の中にあって星が生まれるところだという説が唱えられました。この二つの説のどちらが正しいのかは1920年代の天文学の最大の論争でした。特に、20年にシャプレーとアレゲニー天文台のヒーバー・D・カーチス台長との間に交わされた宇宙の大きさに関する論争は「大論争（The Great Debate）」と呼ばれ、天文学史上最も有名な論争として今も語り継がれています。カーチスは前者の説、シャプレーは後者の説につきました。

どちらの説が正しいのか、決着を付けるには、天の川銀河の大きさや渦巻き星雲までの距離を正確に知る必要があります。

ところが、天体までの距離を測ることは天文学で一番難しい問題の一つなのです。もちろん、目標の天体までいって物差しを当て、距離を測ることはできません。伝統的で最も正確な方法は、三角測量です。離れた二つの場所から同じものを見ると、その目標物は違った方向に見えます。これを「視差」といいます。目標が遠ければ遠いほど見える方向の違い（視差）が小さくなることは、私たちの経験からも推し量ることができます。。地球は太陽の周りを公転していますから、たとえば春と秋とでは地球は太陽の反対側にあって、その間は公転直径だけ離れています。

そこで、春と秋で同じ星を見ると見える方向がわずかに違っています。三角測量の原理から、この方向の違いと公転直径とを基に星までの距離を見積もることが出来るのです。しかしこの方法で測ることのできる距離は20世紀の始めころの観測精度ではせいぜい数十光年程度でした。1光年というのは光が1年間で進む距離で約９兆５０００億キロメートルです。

もっと遠い星や他の天体までの距離を測るにはどうすればよいでしょう？　もし本当の明るさが分かっている天体（これを「標準光源」と呼びます）があれば、実際に見える明るさ（見かけの明るさ）からその天体までの距離が見積もれるはずです。

実際には次のようにします。

まず三角測量で距離を測ることができる標準光源を見つけます。距離が分かっているので見かけの明るさから、その天体の本当の明るさが分かります。同じ標準光源（同じ本当の明るさをもっているという意味）が2倍遠くにあれば見かけの明るさは4分の1、3倍遠くにあればみかけの明るさは9分の1になります。こうして距離の分かっている標準光源を見つければ、後は見かけの明るさだけからより遠くの標準光源までの距離が分かるのです。

■「セファイド変光星の変光周期と見かけの明るさには一定の関係がある」

しかし問題は、ただ地球から漫然と観測していては、どんな天体が標準光源なのかが分からないということです。ここでリービットの発見「セファイド変光星の変光周期と見かけの明るさには一定の関係がある」ことが役に立ちます。三角測量で距離を測ることができるセファイド変光星を見つければよいのです。

そのようなセファイド変光星に対して、リービットの「周期‐光度関係」から本当の明るさが分かります（距離が分かっているので見かけの明るさから本当の明るさが分かる）。すると変光周期と本当の明るさの関係が決まります。三角測量で距離が測定できない遠いセファイド変光星に対しては、変光周期さえ測定すればいいのです。変光周期から本当の明るさが分かり、それとみかけの明るさを比べることで距離が分かるからです。

実際に、この方法を使ってシャプレーは、天の川銀河の大きさを見積もりました。彼は、古い星が

10万から100万個程度、球状に集まっている球状星団という星団に着目し、その中のセファイド変光星を使って球状星団までの距離を測ったのです。そして球状星団が天の川銀河を取り巻いて点在していて、自分が測定した球状星団はそれら星団の代表に過ぎないと見られると考えて、天の川銀河を直径30万光年程度の円盤状であると結論しました。

渦巻き星雲に関する論争では、シャプレーは天の川銀河の中の天体であるという立場だったことは、先に書いた通りです。

■アンドロメダ大〝星雲〟はもう一つの銀河だった

この論争は、1920年代後半、アメリカの天文学者エドウィン・ハッブル（P・31参照）によって決着がつけられました。

ハッブルは、アンドロメダ大星雲（天の川銀河と似て渦巻き状の形をしているけれども、それまではまだ、この天体は天の川銀河の中にあるとされ、しかも構成天体が星だとは一般に認められていなかったため、星雲と呼ばれていました）を写真に撮って、その中にセファイド変光星を見つけました。そしてリービットの発見した周期‐光度関係を使いアンドロメダ大星雲までの距離を見積もったのです。

その結果、アンドロメダ大星雲までの距離は約70万光年という結果が得られ、この大星雲が天の川銀河の中の天体ではなく、私たちの天の川銀河の外にある同じような星の大集団であることが明らかになったのです。

そこでそれ以降、この「星雲」については、天の川銀河と同等の天体であるという認識が定着して、「アンドロメダ大星雲」ではなく「アンドロメダ銀河」と呼ばれるようになりました。

しかしじつは、そのときハッブルの得た値は正しくありませんでした。現在ではアンドロメダ銀河までの距離は約250万光年ということになっています。この違いは、1920年代末にはまだ変光星の分類が確立しておらず、セファイド変光星にもいろいろな種類があったり他の種類の変光星と混同したりしたために、正確な周期と光度の関係が得られていなかったからでした。

現在では、ハッブル宇宙望遠鏡による観測によって20億光年以上の距離にある銀河の中にもセファイド変光星が観測されています。そして宇宙の大きさや膨張の様子を知るのに重要な役割を果たしています。

いずれにせよリービットの発見によって、人類は初めて、本当の宇宙の大きさを測る道具を得たのです。そしてその発見以前と以後では宇宙に対する概念がまったく変わってしまいました。リービットは生前、その発見の真の意義が認めてもらえず何の栄誉も与えられませんでしたが、ある小惑星と月のクレーターに彼女の名前がつけられています。

参考資料

- "*Henrietta Swan Leavitt, AMERICAN ASTRONOMER*", (Encyclopedia Britanica. Inc が運営する

Ｗｅｂサイト、ENCYCLOPEDIA BRITANICA の項目。同稿の筆者は同百科事典の編集者）

https://global.britannica.com/biography/Henrietta-Swan-Leavitt

・Doug Stewart "*Henrietta Swan Leavitt*"，（famousscientists.org が運営するＷｅｂサイト Famous Scientists, The Art of Genius の項目）

https://www.famousscientists.org/henrietta-swan-leavitt/

ジョージ・ヘール

巨大望遠鏡時代に道を拓く

20世紀の天文学は、量子物理学や相対論などの新しい物理学の発見によって天体の物理的な性質について研究ができるようになりました。また新興国アメリカがその経済力を生かして天文学をリードするようになったことも、20世紀天文学の特徴といえましょう。これら二つのことに、一人のアメリカ人天文学者が大きな役割を果たしました。その天文学者こそ、あのパロマー山天文台を開設し、5メートル望遠鏡を現実のものにしたジョージ・ヘール（George Ellery Hale, 1868 - 1938）でした。ある意味で、ヘー

▲ウィルソン山天文台のオフィスで執務中のヘール（1905年ころ）／出典＝Wikipediaパブリックドメイン（https://ja.wikipedia.org/wiki/ジョージ・ヘール）

ルこそが、現代天文学を準備した最大の功労者といえるかもしれません。

ジョージ・ヘールは1868年、アメリカ、イリノイ州シカゴで、裕福な家の長男として生まれました。71年のシカゴで起こった大火災の前に、家族はニューヨーク州のハイドパークに移ります。父はエレベーターの会社を興し、火災で焼け野原になったシカゴに次々とたてられた高層ビルに納入して、巨万の富を得ることになりました。

弟たちは早死にし、加えてヘール自身も病弱でした。それでも、両親はヘールに期待しました。

■天文工作・観測に夢中の少年時代

ヘールは、決まった時間に決まったことをするのが嫌いな子供で、小・中学校、そして当時高校生レベルの少年たちを集めて技術的なことを教える学校に行くようになっても、学校に通うよりは家にしつらえてもらった実験室にこもり、実験することを好んでいたようです。

父も、ヘールがやってみたいことや作りたいものがあると、まず自分の手を動かしてみて、うまくいくと、ヘールにプロが使うようなものを買い与えるということをしていました。中でもヘールは、顕微鏡に熱中したり、太陽光をプリズムに通してスペクトルの写真をとったりするなど、光に関係する技術や現象に特に強い興味を示し、そこから、光学や分光学への関心が芽生えたとみえます。

太陽への関心から様々な本を取り寄せては読み漁り、高校を卒業するころにはすでに、大学の天文学程度の知識は身に付いていました。現在の天文学は、観測したい対象に合わせて装置作りをするのが当たり前になっていますが、このスタイルの〝開祖〟はヘールで、自宅の実験室がそうしたスタイルを育んだといえましょう。

■太陽のプロミネンスや黒点の研究に導かれて

１８８６年、マサチューセッツ工科大学に入学して物理を専攻したヘールは、相変わらず授業にあまり興味がもてず、図書館で天文学の本を読んでいました。この年、ヘールは自宅の敷地に天文台を作ってもらっています。そこには、望遠鏡はもちろん、当時のどの大学の天文台と較べてもひけをとらない分光器まで備え付けられていました。

ヘールが生まれた年に起こった皆既日食の際、初めて太陽表面から紅炎（プロミネンス）が立ち上がっているのが眼視で発見されました。

しかしその時点ではまだ、プロミネンスの原因は分かっていませんでした。プロミネンスの原因を探るには、日食でないときでも常に観測することが必要ですが、プロミネンスはふつう、太陽本体が明る過ぎるため、裸眼で見ることができません。

この問題に興味をもったヘールは、プロミネンスが放つ光だけを通し、他の波長の光を通さない装置（スペクトロヘリオグラフ＝単色太陽光分光写真儀）を開発し、それによって１８９０年、学位を取得しました。

卒業の翌日、ニューヨーク生まれのエベリナ・コンクリンと結婚し、新婚旅行を兼ねてカリフォルニアメリカ州サンノゼの東にあるハミルトン山リック天文台を訪れました。そこで36インチ（＝91・44センチメートル）望遠鏡に取り付けられた当時世界最大の巨大な分光器で惑星状星雲の速度を観測する現場を見て、ヘールに一つの考えがひらめきました。シカゴに戻ったヘールは父を説得して、口径12インチ（＝30・5センチメートル）望遠鏡を買ってもらい、1892年、それにスペクトロヘリオグラフを取り付けて、太陽光からカルシウムが出す光だけを撮像しました。

この手法でヘールは、首尾よく太陽のプロミネンスの撮影に成功しました。大富豪ロックフェラーによって創立されて間もないシカゴ大学の初代総長で、ヘブライ語研究者のレイニー・ハーパーがこの成果に注目し、ヘールは92年、24歳でシカゴ大学物理学講座の助教授に採用されました。

同じ年の夏、光学レンズ制作で有名なアルヴァン・クラーク社に2枚の40インチ（＝102センチメートル）レンズがあると知ったヘールは、このレンズで望遠鏡をつくる計画を立て、シカゴで〝鉄道王〟の異名をとる実業家チャールズ・ヤーキス（Charles Tyson Yerkes, 1837 - 1905）にそのための寄付を求め、これに成功します。そして1897年、現在でも世界最大の口径40インチ（＝102センチメートル）屈折望遠鏡をもつヤーキス天文台が完成しました。

それまで天文台というのは、望遠鏡があるだけの建物でしたが、ヤーキス天文台は観測機器装置開発室を備えた、最初の、現代流の天文台でした。ヘールは、この望遠鏡に改良したスペクトロヘリオグラフを取り付け、黒点のスペクトルをとるなど、太陽表面の詳しい観測を行いました。また、太陽の黒点とよく似たスペクトルを示す恒星の観測なども行いました。1895年には、Astrophysical Journal という天文学の論文誌を創設し、約30年にわたって編集者をつとめています。現在でも天文学では一流にランクされている論文誌です。

40インチ望遠鏡を完成させたヘールは、さらに詳細な太陽観測を目指し、1904年、太陽研究の国際組織の編成に乗り出しました。そして観測条件の良い南カリフォルニアのウィルソン山に天文台を作り、初代所長となって、ヤーキス天文台にあった太陽望遠鏡をここに移設しました。次いでヘールと同僚たちは、05年、この移設望遠鏡で太陽黒点からの光をスペクトルに分けて研究し、それら黒点が周りの太陽表面よりも温度が低いことを明らかにしました。

低温の原因を探るために、より大きな太陽望遠鏡を設置し、赤い光に敏感な乾板で写真をとって黒点のまわりを詳しく観測しました。そして羊班（太陽表面の羊毛のような模様）に渦を発見したのです。ヘールは、この渦が強力な磁場によるものと考えました。そしてその推論を検証するため、黒点のスペクトル線の特徴を調べそれが磁場によるゼーマン効果によるものであることを確認しました。こうしてヘールは太陽黒点に磁場が存在することを発見したのです。ちなみにゼーマン効果というのは、1896年にオランダ人物理学者のピーター・ゼーマン（Pieter Zeeman, 1865 - 1943）により発見された現象で、原子から放出される単一波長の電磁波のスペクトル線が、磁場とその原子内の電子との相互作用によって複数のスペクトル線に分裂する現象をいいます。

当時、このヘールによる太陽磁場の発見は、「ガリレオが太陽表面に黒点を発見して以来の大発見」と称(たた)えられました。

カリフォルニアに拠点を移したヘールは1906年、文化都市を目指していたカリフォルニアの小さな町のパサデナからのたっての依頼で、小さな私立大学の評議員を引き受けることになりました。ヘールはこの大学を世界屈指の理学、工学研究の中心地とするべく、同学の運営に情熱を注ぎました。この私立大学はやがて、世界の理工系大学中第一位にランクされる年もあるカリフォルニア工科大学へと成長することになります。

■研究対象に見合った観測施設を

ヘールは1908年、太陽以外の恒星の詳細なスペクトルの観測を目指して当時世界最大の60インチ（152センチメートル）望遠鏡をウィルソン山天文台に設置しましたが、60インチ鏡が完成する前から100インチ（＝254センチメートル）反射望遠鏡の構想を打ち出し、シカゴの事業家で大富豪、慈善家のジョン・D・フッカー（John Daggett Hooker, 1838 - 1911）から寄付を寄せてもらうことに成功しました。主鏡製造の遅れや第一次世界大戦に阻まれて、この望遠鏡が最終的にウィルソン山天文台に備え付けられたのは17年のことでした。ヘールの情熱と努力が与（あずか）ったことはいうまでもありません。しかしこの動きをより本質的に後押ししたのは、欧米を包んでいた時代的条件でした。戦争で疲弊した当時のヨーロッパには、次から次へと望遠鏡を作ることは不可能でアメリカにしかできなかったのです。

ヘールの狙いどおり、この望遠鏡は天文学に決定的な役割を果たしました。1920年、この望遠鏡を使って始めて太陽以外の恒星としてオリオン座のベテルギウスの直径が測られました。また20年代後半には、ハッブルがやはりこの望遠鏡でアンドロメダ銀河内にセファイド変光星を見つけて、アンドロメダ銀河が私たちの銀河系の外の天体であることを示し、宇宙がそれまで考えられていた以上にはるかに大きいことを明らかにしました。さらにハッブルは、多くの銀河が私たちの銀河系から遠ざかっていて宇宙が膨張していることも発見したのです。

１９２１年、ヘールは強度のノイローゼになり、しばらく療養します。その後もしばしば精神的に落ち込んだり、不眠症や頭痛に悩まされ、23年には、ウィルソン山天文台の台長を退きます。しかしヘールはその後も、パサデナに太陽研究所をつくり、そこで太陽研究を続け、28年、ロックフェラー財団から当時のお金で６００万ドルの資金提供を受けて口径２００インチ（＝５０８センチメートル）の反射望遠鏡の建設をスタートさせました。第二次世界大戦による中断もあって、この望遠鏡が２００インチ・ヘール望遠鏡として完成したのは、20年以上経過した49年のことでした。しかしヘールはこの完成を見ることなく、１９３８年、帰らぬ人となりました。20世紀の天文学をスタートさせ、現代天文学を準備すべく生まれてきた人生でした。

参考資料

・"*George Ellery Hale*"（Encyclopedia.com が運営するＷｅｂサイト、ENCYCLOPEDIA.com 中、Charles Scribner's Sons が提供する Complete Dictionary of Scientific Biography の解説）
http://www.encyclopedia.com/topic/George_Ellery_Hale.aspx

エドウィン・ハッブル

遠くの銀河ほど高速で遠ざかっていた

▲エドウィン・ハッブル（1920年）／絵＝吉澤正［https://upload.wikimedia.org/wikipedia/commons/e/e5/Edwin-hubble.jpg の写真を参考］

■才能をほしいままに

20世紀の天文学の最大のスターは何といってもここで取り上げる主人公エドウィン・ハッブルです。

「天は二物を与えず」

という諺がありますが、ハッブルに関してはこの諺は当てはまりません。

不公平と言えるほど才能にも運にも恵まれ、名誉までも得たアメリカの天文学者です。彼は本書の最初に取り上げたリービットの発見（セファイド変光星の「周期‐光度関係」）の最大最高の果実を得ました。その果実とは、私たちの太陽系を含む天の川銀河のほかにも似たような星の大集団（銀河）が宇宙に無数に存在すること、さらにこの宇宙が時々刻々広がっていることという事実の発見です。この二つの発見は現在の宇宙論の基礎になっています。

ハッブルは裕福な家の長男として１８８９年、アメリカのミズーリ州で生まれました。10歳の時にシカゴに移ります。８歳の誕生日に祖父が望遠鏡をプレゼントしてくれ、それ以来、天文学に興味をもつようになりました。またハッブルはサイエンス・フィクションを読むのが好きでした。特にジュール・ベルヌの『海底二万マイル（*Vingt mille lieues sous les mers*）』が愛読書だったそうです。

ハッブルはまた、子供のころからスポーツに人並みはずれた才能を示し、高校のころ走り高跳びのイリノイ州記録を更新しています。勉強の方もよく出来たようですが、まわりには自分が勉強している姿をみせなかったようです。高校卒業時に校長は「私は4年間君を見てきたが10分たりとも勉強しているところは見たことがなかった」とため息をつきながら、シカゴ大学の推薦状を渡したということです。

１９０７年、ハッブルはシカゴ大学に入学しました。父親の強い希望で法律を学ぶために大学に入ったのですが、子供のころから興味をもっていた天文学と数学を主に学び、科学の学士号をとります。勉強以外にもバスケット、陸上、ボクシングに熱中し、ボクサーとしても名を馳せました。卒業後はイギリスのオックスフォード大学クイーンズ・カレッジの奨学金を得てイギリスに留学しますが、そこでは父親との約束で法学を学びます。その父親は13年に入って間もなく亡くなり、ハッブルは母親と兄弟の面倒を見るためその年の夏にアメリカに戻ります。帰国前の09年、ハッブル一家はケンタッキー州に移っていたことから、ハッブルはケンタッキーで法律事務所に勤めました。しかしハッブルは、13年の秋にはインディアナ州で高校の教員となり、スペイン語、物理学、数学を教えました。学生に大変な人気を博しましたが14年、長年の夢をかなえるべくシカゴ大学に戻り、大学院で天文学を学ぶ決心をしました。

１９１７年、大学院在学中にカリフォルニア州にあるウィルソン山天文台のジョージ・ヘール（P・24参照）から同天文台の職を提供されますが、折悪しく第一次世界大戦が始まり、歩兵隊に志願することに意義を見出していたハッブルはこの提案を断り、早々に博士論文を書き上げてフランス戦線へとおもむくのでした。幸い、ハッブルの所属した連隊は戦闘に遭遇することなく終戦を迎えました。

■世界最大の望遠鏡に恵まれ

戦後1年間、天文学の研究のためケンブリッジに滞在中だったハッブルに、１９１９年、再度ヘールから申し出があり、ハッブルはウィルソン山天文台に就任します。ウィルソン山天文台には当時、世界最大の口径１００インチ（＝２５４センチメートル）の望遠鏡があり、またシャプレーなど一流の研究者もいて、天文学の最高の環境がそろっていました。

１９４２年、第二次世界大戦が勃発すると、またしてもハッブルは軍に志願します。終戦後、ウィルソン山天文台に戻ったハッブルは２００インチ（＝５０８センチメートル）望遠鏡の建設に尽力し、49年に完成したときに最初の観測者となりました。53年、ハッブルは心不全で亡くなりますが、故人の遺志で葬式は行わず、墓標のない墓に埋葬されたと伝えられています。

■ハッブルとシャプレーの確執

ハッブルがウィルソン山天文台に移ったとき、アメリカにはハッブルのライバルとも言うべき天文学者、シャプレーがいました。シャプレーはすでに、リービット（P・12参照）の変光星の研究を応用して球状星団の分布から銀河系の大きさを直径約30万光年と見積もり、さらに、私たちの太陽系が銀河系の端にあることを突き止めており、その業績で誰からも一目置かれる研究者となっていました。この研究に当たりシャプレーは、球状星団が銀河系を取り囲んでいるとして、球状星団の中にセファイド変光星を見つけ距離を推定していました。しかしシャプレーは、銀河系自体が宇宙であり、〝アンドロメダ大星雲〟のような渦巻き星雲は銀河系の中の天体であると考えていました。

ハッブルはシャプレーの考えに納得できず、〝アンドロメダ大星雲〟がはるか遠方の銀河系と同じような莫大な星の集団と考えていました。当然、ハッブルとシャプレーの関係は芳しいものではありませんでした。（じつは不仲の原因はそればかりでなく、ハッブルのイギリスかぶれもシャプレーの不興を買っていたと見えるのですが……。）

双方とも、自分の考えを正当化するためにはアンドロメダ大星雲までの距離を測らなければなりませんでした。ハッブルは、凍てつく寒さに耐えながら幾晩も、〝アンドロメダ大星雲〟の写真をとり続けました。

ちなみに、現在のすばる望遠鏡の観測では望遠鏡が入っているドームの中で観測することはありません。人が入ると体温で空気に対流が起こり、星像が乱れてしまうからです。ドームの隣に快適な観測室があり、望遠鏡の操作をおこなうオペレーターがいて、天文学者はオペレーターを通じて望遠鏡に指示を送るだけです。さらに多くの観測では、山頂にすら行く必要もありません。マウナケア山（標高約4200メートル）のふもとのヒロの町はずれにハワイ観測所があり、そこで山頂にいるオペレーターに回線で指示を与えることで用が足せるのです。もう少したてば、ハワイに行く必要もなくなり、東京・三鷹の国立天文台から指示を与えることになるでしょう。

■新しい宇宙像＝「銀河宇宙」の登場

しかしハッブルがウィルソン山天文台に赴任した当初は天文学者がドームに入り込み、寒さに耐えて観測しなければなりませんでした。1923年10月4日、観測条件としては最悪でしたがハッブルはその晩も辛抱強く写真を撮りました。翌日、現像した写真の中に明るい星が映っているのを見つけました。

「たぶん写真看板の傷か、星の小規模の爆発である新星だろう」

と思いましたが、念のため次の晩も同じ天域の写真を撮ってみると、やはりその星はそこに映っていました。

そこで過去の同じ天域の写真と見比べてみると、対応する星の明るさが変化していたのです。変光の周期が約31日で、リービットが見出した関係（周期‐光度関係：P・15参照）が当てはまる星であることに気付き、これを使うとその明るさは太陽の約７０００倍であることが分かりました。これと見かけの明るさとから、アンドロメダ大星雲までの距離が約90万光年とはじき出されたのです。しかし、ハッブルはこの結果をすぐに発表することはしませんでした。ことの重大さのため、一つの変光星だけでは他の研究者、特にシャプレーを納得させるには不十分だと考えたからです。さらに観測例を積み上げ、他にも変光星を見つけて、同じ結果が得られたところで発表に踏み切りました。アンドロメダ大星雲は銀河系の外の天体だったのです。

さすがのシャプレーもこの結果を受け入れざるを得ませんでした。この発見によって、宇宙が一挙に広がりました。それまでは、星の集団が宇宙だと思われていましたが、ハッブルの発見によって銀河の集団が宇宙という宇宙像が現れたのです。これ以降、アンドロメダ大星雲はアンドロメダ銀河と呼ばれるようになりました。

現在、アンドロメダ銀河までの距離は約２５０万光年ということになっています。これはセファイド変光星の研究が進んでこの変光星には2種類あることが判明し、それぞれに変光周期と光度が違っていることが分かってきたためでした。ハッブルが活躍していた当時は、その区別が付いていなかったため、周期と光度の関係について間違った理解が天文学の常識になっていたのでした。

■宇宙膨張の発見……ヒューメイソン技師のめざましい働き

ハッブルはさらに天文台技師のヒューメイソンとともに、セファイド変光星が観測された銀河のスペクトルを観測し、波長ごとに光の強度を測って、その運動を調べる研究に取り掛かりました。

アマチュアとプロの天文学者の違いの一つは、天体からの光のスペクトルをとるかとらないかです（天体からの光のスペクトルについては、次ページの解説記事「スペクトルの吸収線と輝線」を参照して下さい）。

さて、スペクトルを取ることができれば、それを解析することで天体にどの元素がどんな状態で存在しているのかが分かります。そして、いまハッブルとヒューメイソンがおこなった研究との関連で重要なのは、天体の全体としての運動が分かるということです。

銀河の大半は私たちから遠ざかっていますが、遠ざかる速度が高ければ高いほど、その銀河からの光が観測される波長は、元の銀河での波長に比べて長くなります。これを「赤方偏移」といいます。たとえば光の速さの１％（つまり毎秒３０００キロメートル）の早さで遠ざかっていれば波長が１％長くなり、赤方偏移は０・０１となります。赤方偏移の原因は、宇宙膨張です。遠い銀河ほど高速で遠ざかっているため、赤方偏移も大きくなります（ハッブルの法則）。こうして、分光観測をして赤方偏移を測れば、その銀河がどれほど遠いのか、が分かります。

しかし、遠方の銀河から受け取る光は非常に淡く、分光するには長い時間がかかるため、ハッブルが活躍した当時は、その観測は近くの銀河にしか適用できませんでしたが、ハッブルとヒューメイソンは、できる限りの銀河に対して赤方偏移を測ったのです。

余談ですが、ヒューメイソンの経歴は非常に特異で、まず中学を卒業後、山が好きでウィルソン山のホテルで働くことになります。次いで、この山に天文台を建設する計画がもち上がったのをきっかけに、資材を運ぶラバ引きに従事することになりました。さらにその縁で、天文台に雇われることになりました。学校は中学しか出ていないものの、卓越した観測技術をもちあわせていて、ハッブルの研究もヒューメイソンなしにはできなかったと思われます。

◥スペクトルの吸収線と輝線◣

天体（星でも銀河でもいい）には様々な状態でいろいろな元素が含まれています。それらを通過してくる光のスペクトルを取ることで、それら元素の種類や性質を調べることができます。その天体からの光をスペクトルに分解すると、大きく二種類のスペクトル線が観測されます。

一つは、「吸収線」と呼ばれるスペクトル線です。いまその天体に含まれる元素がナトリウムだったとします。すると、ナトリウム特有の波長の光を吸収するため、天体からの光（どの波長域でも光がある連続スペクトル）のスペクトルは、その波長の部分だけ他の波長域より暗くなります。これがスペクトルの吸収線です。ナトリウムによる吸収線の場合、特に「ナトリウム暗線」と呼ばれることは高校「地学」でならう通りです。暗線は吸収線の別名ですが、ナトリウムのそれは特に有名で、高校の実験室でも観察できます。

もう一つの種類の線は「輝線」です。ある特定の元素が高温状態にあるときには、その元素特有の波長の光の強度が強くなり、観測している天体のスペクトルはその波長のところだけが周りの波長域より明るく見えます。これが輝線です。高温の水素が発する光をスペクトル分解すると、可視部に見られるバルマー系列という一連の輝線は特に有名でH_α、H_β、H_γ、H_δと記号付けされた４本は、非常にきれいな輝線として観察できます。暗室で見るその印象は、神秘的でさえあります。有名なのは「ライマンα

線」という輝線です。オリオン座大星雲や いて座の干潟星雲の赤い色はH_α線の色で、その成分は、多くの天体、とくに星が生まれている星間ガスなどに見ることができます。

十数個の銀河の運動を調べた時点で二人は驚くべきことを発見しました。遠くの銀河ほど速い速度で遠ざかっていたのです。正確に言えば、銀河同士はその距離に比例した速さで遠ざかっていくということになり、これを「ハッブルの法則」と呼びます。この発見は私たちの銀河系が宇宙の中心にあることを意味するわけではありません。

コペルニクスの地動説以来、「我われは宇宙の中心に位置している」という考えをとる天文学者はいません。したがってハッブルの法則は、私たちの銀河系ばかりでなくどの銀河から見ても成り立っているはずなのです。これが可能なのは空間自体が広がっていると考えることです。銀河は空間に固定されていて、その空間自体が時々刻々大きくなっていくということです。よくたとえられる例が膨らんでいる風船とその上につけた印です。風船の表面が空間、表面上の印が銀河に当たります。どの印（銀河）から見ても他の印（銀河）は、その距離に比例した速さで離れていくことが分かります。現代宇宙論の出発点は、この宇宙膨張の発見です。

もっとも発見者のハッブル自身は、自分の結果をすぐには宇宙膨張へ結び付けませんでした。ハッブルは、光は進む距離に比例してエネルギーが減るのではないかと考えたのです。遠方からやってくる光は何らかのメカニズム、たとえば宇宙に広く薄く存在している他の物質や電磁波と衝突してエネルギーを失います。光のエネルギーはその波長に反比例しているので私たちまで届くときには元の波長より長くなって観測されるということです。この説を英語でtired light（くたびれた光）といいますが、もし光がほかの粒子と衝突しているなら、遠くの天体ほどぼやけていき、見えにくくなるはずです。

一般に遠くの天体ほど小さく見えて、大気の揺らぎによってぼやけていきますが、ハッブルの法則を説明するような波長の変化を衝突によって説明しようとすると、遠くの天体はあっという間に見えなくなってしまうのです。したがってこの説はすぐに否定されました。

また、ハッブルの法則をまともに受け取ると、過去にさかのぼればさかのぼるほど銀河同士の間隔が短くなり、いつかは銀河同士が重なり合うほど密集することになります。さらに過去にさかのぼれば物質はぎゅうぎゅう詰めの状態になってしまうでしょう。したがって宇宙の過去は、現在とはまったく違った姿だったことになります。この考えもハッブルの当時は受け入れる人は多くありませんでした。宇宙は永遠に不変であると信じられていたのです。アインシュタインでさえそうでした。

宇宙膨張の発見を正面から受け止めて宇宙の進化モデルが提唱されたのは、その発見から10年以上もたった１９４０年代初めです。当時のソビエト連邦出身の原子核物理学者ジョージ・ガモフ（P・１１２参照）は、宇宙は火の玉のような超高温・高密度状態から始まったという説を唱えたのです。これがビッグバン理論です（ただし、ビッグバン理論の発見については、一般には余り知られていませんが、次ページ後半に述べたような事情があることが、最近、話題にされるようになりました）。

ガモフとビッグバン理論については後に詳しく触れることにして、ここではビッグバン理論が受け入れられたのは65年以降であること、そして、それまでは宇宙膨張は受け入れるが、それでも宇宙は無限の過去から無限の未来まで同じような姿だという「定常宇宙論」が主流であったことにだけ触れるにとどめましょう。定常宇宙論では、宇宙膨張を受け入れる代わりに空間が膨張しても物質の密度を一定に保つように空間から物質が生まれてくると考えられていました。

宇宙膨張の発見については、最近、興味深い指摘があります。ハッブルがハッブルの法則を発見する2年ほど前に、ほとんど同じ内容の研究が、ベルギーの聖職者、天文学者のジョルジュ・ルメートル（P.96参照）によって発表されていたというのです。ルメートルはアインシュタインの一般相対性理論から膨張宇宙の存在を導いた研究で知られています。しかしルメートルは、その論文を余り有名でないベルギーの雑誌に発表したため、ほとんど知られることがなく忘れ去られてしまったのです。もっともルメートルは、自分で観測したわけではなく、1927年ころまでにハッブルとヒューメイソンが観測したデータなどを用いて「ハッブルの法則」を示したもので、やはり「ハッブルの法則」はハッブルとヒューメイソンの名がつけられて当然で、「ハッブル・ヒューメイソンの法則」と呼ばれるべきでしょう。

■銀河のハッブル分類

ハッブルはこのほかにも「ハッブル分類」と呼ばれる銀河の分類法を提案しています。

銀河には、私たちの銀河系やアンドロメダ銀河のような渦巻きをもった銀河（渦巻銀河）のほかにも楕円形（楕円銀河）のものなどがあります。渦巻銀河の中にも渦巻きのまき方がきついものから緩やかなものまで色々あり、楕円銀河にもほとんど丸いものからひしゃげたものまで様ざまです。銀河がどのようにしてでき、そしてどうして様ざまな形があり、何が渦巻銀河と楕円銀河を分けたのか、というのは、当時はまったく分からない問題でした。

このような場合、まず形の分類を考えるというのが研究の第一歩です。１９２６年、ハッブルは銀河を大きく楕円銀河、レンズ状銀河、渦巻銀河、棒渦巻銀河の4種類に分けました。棒渦巻銀河というのは渦巻銀河の中心部に棒状の構造をもったもので私たちの銀河系も棒渦巻銀河と考えられています。これらのどれにもあてはまらない銀河を不規則銀河と呼んでいます。

レンズ状銀河というのは、平べったい円盤状ですが、渦巻き構造をもたず、ハッブルは楕円銀河と（棒）渦巻銀河をつなぐ存在であると考えました。この分類の背後にあるのは、楕円銀河がだんだん扁平になっていって、渦巻き構造ができて渦巻銀河、あるいは棒渦巻銀河になるという銀河の進化です。この意味で、楕円銀河を早期型銀河、（棒）渦巻き銀河を晩期型銀河という言い方があります。現在、銀河の進化はこのようなものではないことが分かっていますが、「早期型」、「晩期型」という言葉はまだ残っています。

現在の銀河形成論では、銀河よりももっと小さな星の集団が合体してある程度大きな銀河ができ、その過程で星の分布が円盤状に分布し、その円盤に渦巻き構造ができる、と考えられています。

一人前の銀河になりそこなった銀河もあり、矮小銀河と呼ばれています。矮小銀河の中には形のゆがんだものもあり不規則銀河の一部です。

円盤はある種の振動に対して不安定で、中心部に棒状の構造ができると棒渦巻き銀河となりますが、なぜ棒状の構造がない銀河もできるのかは、よく分かっていません。一つの銀河で棒状の構造が出来たり消えたりしている可能性も考えられています。

銀河同士の衝突・合体はよくあることで、そのため形が乱れたものも数多く存在します。それらが不規則銀河の一部です。銀河の集団である銀河団の中では銀河の合体が特に頻繁に起こり、合体を繰り返して円盤構造が消えて楕円銀河になると考えられています。

ハッブルは、天文学は物理学の一部でありノーベル賞の対象であるべきと考えていました。そして当然ながら自分自身の研究がノーベル賞に値すると信じていました。これには誰も異議はなかったでしょう。そしてノーベル賞を受賞するため色々と活動もしたようです。残念ながらノーベル賞委員会が物理学賞の中に天文分野も含め、その最初の受賞者をハッブルに決定したのは、１９５３年９月にハッブルが亡くなった後のことでした。

参考資料

・"*Edwin Powell Hubble – The man who discovered the cosmos,*"（宇宙望遠鏡研究所運営のＷｅｂサイトの解説文）.
https://www.spacetelescope.org/about/history/the_man_behind_the_name/
・Luke Mastin "*Edwin Hubble, Important Scientists – The Physics of the Universe*"（筆者運営のＷｅｂサイト掲載の解説）

http://www.physicsoftheuniverse.com/scientists_hubble.html

・Doug Stewart "*Edwin Hubble*", (Doug Stewart が運営するＷｅｂサイト、Famous Scientists, The Art of Geneous における、本人による解説）
https://www.famousscientists.org/edwin-hubbl

ヴェラ・ルービン

銀河にもダークマターがあった

▲ヴェラ・ルービン／絵＝ヤマドリチヒロ［http://blog.miraikan.jst.go.jp/images/20150924hejcik_01.jpg の写真を参考］

重さだけがあって見ることはおろか触れることもできない、幽霊のような物質が、私たちの宇宙に大量に存在することが分かっています。しかし、「暗黒物質」と呼ばれるこの不思議な物質は、宇宙に銀河、星、そして私たちが存在するためにはなくてはならないものでもあります。暗黒物質は１９３０年代にツビッキー（Ｐ・１９３参照）やオールト（Ｐ・１７２参照）によってその存在が予言されたものですが、多くの天文学者は、半信半疑でした。その存在を確信に変えた女性天文学者がヴェラ・ルービン

（Vera Cooper Rubin, 1928 - 2016）です。

■少女時代から天文学に関心

ルービンは1928年、アメリカのフィラデルフィアで、電気技師の父とベル電話会社に勤めていた母との間に二人姉妹の妹として生まれました。10歳のころから天文学に興味をもち始め、自宅の寝室の窓を通して星空を眺めていたそうです。

父は、天文学では将来職がないだろうとは思いつつも、ルービンが望遠鏡を作るのを手伝ったりアマチュア天文家たちの会合に連れていったりしていました。高校で教師から「科学を勉強するのはやめておいた方がいい」といわれ、大学入試の担当者からは「天文学以外のことを勉強した方がいい」といわれましたが、あきらめ切れず、ニューヨークの北方のポキプシーという町にある私立の（当時）女子大だったヴァッサー大学（69年以降、男女共学）に入学して天文学を学びました。

天文学を専攻したのはルービンただ一人でしたが、48年に卒業し、プリンストン大学大学院への進学に挑みました。ところが当時、プリンストン大学では天文学の博士課程を女性に開放していませんでした（ちなみに女性がプリンストンで天文学の博士課程に入れるようになったのは、1975年になってからのことでした）。そこでルービンはやむなく、進学先をコーネル大学に変更することにしました。

コーネル大学にはファインマン（Richard Phillips Feynman, 1918 - 88：P・228参照）やベーテ（P・224参照）など超一流の物理学者が顔をそろえていて、十分に物理学の素養を身に着けることができました。またルービンは、コーネル大学で生涯の伴侶に出会うこともできました。

ルービンの修士論文のテーマは、宇宙膨張に関するものでした。ビッグバン理論では空間は一様で等方、どこにも特別の場所や特別な方向がないと仮定されますが、ルービンは等方性という仮定をすてて宇宙は膨張はしているが中心があって銀河はその周りをまわっているという可能性について考えたのでした。当時の観測データは不十分で、はっきりとした結論は得られませんでした。

■銀河回転異常をもたらす暗黒物質

ルービンは、博士課程の進学先として、ビッグバン理論の生みの親ジョージ・ガモフ（P・112参照）がいたワシントンDCのジョージタウン大学を選びました。ガモフの指導の下、ルービンは銀河の観測に取り組みました。1954年、多数の銀河の観測から銀河の分布は一様ではなく、群れを作っているという解析結果を論文にまとめて博士号を取得しました。

銀河の集団を今では「銀河団」といいますが、当時、多数の銀河が集中して存在して見える天域があり、銀河団の存在を示唆すると考えていた天文学者もいました。しかし、多くの天文学者はその存在を真剣に受け止めてはいませんでした。またルービンは、渦巻銀河の観測も手がけました。渦巻銀河というのは別名、円盤銀河ともいって多数の星が円盤状に集まって、その円盤が中心のまわりに回転している天体をいいます。ルービンは円盤の回転速度を精密に測定して、恒星が銀河から振り飛ばされるほど速く回転していることを見つけました。このときすでにルービンは、暗黒物質の存在を考えていたようです。というのは、質量が銀河の中心付近だけに集中しているなら、中心から離れれば離れるほど重力が弱くなり、それに釣り合う遠心力も小さくなっていていいはずです。ところが中心から離れても大きな回転速度を示すということは、中心から遠いところでも重力が弱くなっていないこと、すなわち重力を及ぼす質量が銀河の端の方にも大量に存在する、ということを意味しているからです。

博士号取得後の１年間、ルービンは短期大学で数学と物理学を教え、その後、１９５９年まで、ジョージタウン大学で天文学の助手、59年以降は講師、さらに準教授へと昇進していきました。この期間は天文学者として活動するよりは教育者として、主に若い学生への教育に意欲を注いだことになります。これでも分かる通りルービンは、若い世代に対する教育に熱心で、子供時分通っていた高校で天文学の授業をしたこともあるそうです。１９６３年、研究面にウェイトを置く決心をしたルービンは、カリフォルニア大学サンディエゴ校に活動の舞台を移しました。ここでルービンは、星の中での元素合成の研究で有名なバービッジ夫妻（Geoffrey Ronald Burbidge, 1925 - 2010、および Margaret Burbidge, 1919 - ）などを多くの研究者と交流を深め、ますます研究への意欲が高まり、アリゾナのキット・ピーク天文台に職を得て、初めてプロの天文学者になることができました。その後ルービンは65年、ワシントンＤＣにあるカーネギー研究所の地球磁場学部に研究職を得ます。部門の名前こそ「地球磁場」でしたが、ここには何人かの天文学者がいて活発な研究をしていました。ルービンは同僚のケント・フォード（W. Kent Ford, Jr., 1931 - ）とともに多数の銀河の集団的な運動の観測をしました。しかし、はっきりとした結果が得られないまま、観測対象を渦巻銀河に移します。渦巻銀河の星の大部分は円盤部分にありますが、円盤の外側で星が全くなくなるという訳ではありません。少数の星があってやはり銀河中心の周りを回っています。ルービンは円盤部分やその外側の星の運動を調べました。

まず、我われの銀河系に一番近い渦巻銀河であるアンドロメダ銀河を詳しく観測して、銀河中心周りの星の回転速度が中心から離れても、さらに銀河円盤の外にいってもほぼ一定であることを確かめました。次いで比較的近くにある他の渦巻銀河に対しても同様に恒星の回転速度は中心から離れてもほぼ一定のままであることを確認しました。その後も、200個以上もの渦巻銀河に対して恒星の運動を調べ、どの銀河の端にも、光りもせず、影も形もたない莫大な質量（暗黒物質）が隠されているという、有無を言わせぬ証拠を得たのでした。それまで懐疑的だった天文学者たちもルービンの観測データの前では、暗黒物質の存在を認めざるを得なくなりました。ルービンの観測結果は誰からも注目されました。

このような観測の実績が認められて、ルービンはパロマー山天文台で観測することを許された最初の女性ともなりました。暗黒物質の存在の確認によってのちに、キャロライン・ハーシェル（19世紀の天文学者ウィリアム・ハーシェルの妹）が1828年に受賞して以来絶えてなかった、ロンドン王立天文学会ゴールドメダルを受賞したり、ブルース・メダルなどいくつもの賞を得ています。ただルービンは、受賞という賛辞よりも「もし天文学者たちがこれから何年もの間、私の観測データを使ってくれるなら、それが私にとって最大の賛辞だ」と語っています。

現在、世界中の大学の天文学科、あるいは天文研究所でかなりの数の女性が活躍していますが、ルービンが天文学を勉強して天文学者になったころは、アメリカといえども女性が科学をすることに対して様々な制約があったのです。ヨーロッパでは、パルサーの発見で有名なジョスリン・ベル（Ｐ・２０９参照）が若い女性への科学の教育に力を入れていますが、ルービンはベルよりも一世代以上も前に科学を志した女性なので、男性がつくってきたコミュニティーの中で自分の存在が認められるまでには相当な苦労があったと想像されます。このような経験を念頭に、ルービンも若い女性が科学を志す手助けや科学行政に女性が参画しやすくするための活動を熱心におこなってきました。また少年・少女たちに向け、自分が子供のころに夜空を眺めた時の喜びをいくらかでも分かち合いたいと、ルービンは『おばあちゃんは天文学者』という本も書いています。ルービンは、ダークマター検出の報を心待ちにしつつ、２０１６年12月25日、不帰の客となりました。享年88歳でした。

参考資料

・"*Profile: Vera Rubin and Dark Matter,*"（アメリカ自然史博物館が運営するＷｅｂサイト掲載の解説）
http://www.amnh.org/explore/resource-collections/cosmic-horizons/profile-vera-rubin-and-dark-matter/

・"*Vera Cooper Rubin Facts*"（LoveToKnow Corp. 運用のＷｅｂサイトに掲載の"*Your Dictionary*"中の解説）
http://biography.yourdictionary.com/vera-cooper-rubin

ジェラルド・カイパー

惑星研究の様相を一変させた「惑星科学の父」

▲ジェラルド・カイパー／出典＝Wikipediaパブリックドメイン（https://upload.wikimedia.org/wikipedia/commons/0/0b/GerardKuiper.jpg）

現代天文学の最もホットな話題の一つは惑星系の形成の仕組みです。観測技術の進展とともに、２０１７年３月22日現在３６００を超える系外惑星が発見されています。それにともなって、理論的に予想していた惑星形成モデルでは説明できない惑星系の姿が浮き上がってきました。惑星科学で忘れられないのは、「惑星科学の父」とも称せられる研究者ジェラルド・カイパー（Gerard Peter Kuiper, 1905-73）です。

ジェラルド・カイパーは１９０５年、オランダ北部の小さな村（北ホラント州ハーレンカルスペルのタイトジェンホルン）で仕立て屋を生業(なりわい)とする家に生まれました。幼いころから星が好きだったカイパーは、驚異的な視力に恵まれ、肉眼で７・５等の星が見えたというエピソードがあります（普通の視力では６等星程度までしか見えません）。暗い星ほど数が多いのでそのような星までが見えたカイパーの目には、星空はさぞ素晴らしい光景として映ったことでしょう。

■オランダからアメリカへ

カイパーは、生家こそそれほど裕福ではありませんでしたが、１９２４年に難関のライデン大学に見事に合格し、念願の天文学を勉強します。当時のライデン大学にはヤン・オールト（P.１７２参照）、星のスペクトル型と明るさとの関連図で有名なアイナー・ヘルツシュプルング（Ejnar Hertzsprung, 1873 - 1967）、現代宇宙論の開拓者のひとりド・ジッター（Willem de Sitter, 1872 - 1934）といったそうそうたる天文学者が集結しつつあり、天文学のメッカともいうべき場所でした。

１９２７年、カイパーはライデン大学卒業後に大学院へ進学し、ヘルツシュプルングの指導で連星系の研究を行い、33年に博士号をとりました。その後、所有と運営をカリフォルニア大学が担うリック天文台の研究員、35年にハーバード・カレッジ天文台、37年、シカゴ大学のヤーキス天文台に移りました。

カイパーをヤーキス天文台に招いたのは当時の天文台長のオットー・シュトルーベ（Otto Lyudvigovich Struve, 1897 - 1963）でした。シュトルーベは、カイパーと同時期にチャンドラセカール（P.・

184参照）や、量子力学を星の現象の探求に応用しようとしていたデンマークの俊秀、ストレームグレン（Bengt Georg Daniel Strömgren, 1908 - 1987）といった新進気鋭の研究者をヤーキスに集め、星の研究の一大センターをつくったのです。彼らの刺激もあってカイパーは、オランダ時代の連星、特にお互いの星の距離が非常に近く、周期の短い連星の研究（近接連星）や星団中の星の運動、白色矮星の観測をおこないました。特に近接連星はやがて、X線天文学との関係で20世紀後半の天文学で重要な役割を果たすことになります。

連星がある程度接近すると、重力によって片方の星の外層がはぎ取られ、もう一方の星へと落ち込んでいって、その周りに降着円盤と呼ばれる、高温でかつ回転している円盤をつくります。円盤は内側ほど高速で回転するので、内側と外側が擦（こす）れ合って摩擦で内側ほど高温になりX線を放射して輝くのです。

■惑星科学へ転身

1944年、カイパーに転機が訪れます。その年カイパーは、ハーバードの電波天文台で過ごし、電波望遠鏡で惑星大気の観測を始めていました。じつは惑星科学にはオランダにいたときから興味をもっていたのです。このときの観測でカイパーは、木星の衛星タイタンがメタンを豊富に含む大気をもっていることを発見していました。

カイパーは、オランダ語のほかにドイツ語、フランス語が流暢なことから、第二次世界大戦の間はヨーロッパの科学者を通してドイツの原爆計画の進展状況を探るミッションに加わりました。

電波天文台に滞在したことや、戦時中に赤外線フィルムの発展を目のあたりにしたカイパーは、惑星研究開始の機が熟したと判断し、恒星研究から惑星研究へと大きく舵を切りました。そして１９４０年代後半、カイパーは、火星の大気中に二酸化炭素を発見したり、土星の輪が無数の小さな氷からできていることや天王星の衛星ミランダ、海王星の衛星ネレイドを発見したりしています。また50年代に入ってからは、小惑星の統計的な性質を決めるため大規模な小惑星サーベイを行いました。

これらの観測や連星の研究の経験に基づいてカイパーは、従来の考えとは反対に惑星系の形成が太陽系に特別なものではなく、恒星の形成過程における普遍的な現象であると予想しました。

さらにカイパーは、無数の彗星のような小天体が太陽から35－60天文単位（１天文単位は太陽と地球の平均距離≒１億５０００万キロメートル）の間に存在し、冥王星以遠にも冥王星に匹敵する天体が存在すると予想しました。現在、これらの小天体が存在する領域は「カイパーベルト」と呼ばれ、その領域の天体は「カイパーベルト天体」あるいは「海王星以遠天体」と呼ばれています。もっとも１９５１年の論文でカイパーは冥王星よりも遠方の天体について議論していますが、そこでは冥王星の重力によって小天体はオールトの雲に振り飛ばされたとしています。したがって冥王星とオールトの雲の間のことは詳しく触れていません。またその後、冥王星の質量は小惑星をオールトの雲まで降り飛ばすには小さ過ぎることも分かりましたが、冥王星以遠の天体について考えたということで、カイパーベルトという名前が定着したのでしょう。

１９４０年代からカイパーは、惑星科学における化学や生物学などの重要性を認識していました。50年代初めから、34年に重水素の発見でノーベル化学賞を受賞したコロンビア大学の化学者ハロルド・ユーリー（Harold Clayton Urey, 1893 - 1981）との共同研究を始めました。ユーリーは地球や惑星での化学進化に興味をもっていたのです。１９５３年にユーリーはスタンリー・ミラー（Stanley Lloyd Miller, 1930 - 2007）とともに当時原始地球大気と考えられていた気体中に放電を起こし、アミノ酸が生まれることを示す実験をおこなって、原始生命誕生の研究の先駆けとなりました。

ユーリーは地球と月はほぼ同時に作られたとするカイパーの説をよりどころに、地球も月も、生まれたころは比較的冷たい状態であったという前提で研究していました。ところが月表面の研究からカイパーは、１９５４年ころまでに自身の意見を翻して、月はその歴史の初期に全体が融けるほど高温になったと考えるようになりました。ユーリーはこれに噛みつきました。この件に限らずユーリーは、自身の研究の独自性を認めようとしないカイパーを快く思っていなかったとみえます。

■カイパーにおける〝スプートニク・ショック〟

１９５７年、カイパーの研究者人生を変えるような出来事がおこりました。それは旧ソビエト連邦（ソ連）が最初の人工衛星スプートニクを打ち上げ、人類が宇宙への扉を開けたことでした。この出来事は、アメリカの科学技術こそ最先端だという自分たちの自信を打ち砕くことになりました。

ソ連に追いつき追い越すためにアメリカは科学技術にお金をつぎ込み始めます。カイパーはその機にうまく乗じたようです。国やアメリカ空軍などからヤーキス天文台に寄せられた資金を投じて月・惑星科学の一大センターを設立し、その勢力をどんどん拡大していきました。これに危機感をもったのは星や銀河といったほかの分野の天文学者たちでした。彼らとカイパーの溝はどんどん深まっていき、ついに１９６０年、シカゴ大学の学長はカイパーをヤーキス天文台長職から放逐（ほうちく）してしまいました。シカゴ大学の教授職は剥脱されませんでしたが、カイパーはスタッフ、院生など10人を引き連れてアリゾナ大学に移り、月・惑星研究所をつくり、73年、メキシコで休暇中に亡くなるまで所長を務めました。

１９６０年代には赤外線天文学の発展にも大きな寄与をなし、またアポロ計画では月面への着陸地点選定にあたり、助言をしたりもしています。加えてカイパーは、数多くの賞を受けています。いっぽうアメリカ天文学会は、カイパーの功績を記念して「カイパー賞」を設け、惑星科学で重要な功績をあげた科学者に毎年授与しています。ちなみにカイパーと因縁深いユーリーにもその名を冠した賞「ユーリー賞」があり、これは惑星科学の若手研究者が対象となっており、両賞は好対照をなしています。

またアメリカ航空宇宙局（ＮＡＳＡ）が輸送機Ｃ-１４１を改装して口径91センチメートルの望遠鏡をのせた空中天文台（運用、１９７４-85年）は「カイパー空中天文台」と呼ばれ、天王星の輪を発見したり冥王星の大気の観測など惑星科学の研究に大きな成果をあげました。

カイパーは、研究面では自分にも周りの人にも非常に厳しく、彼とうまくやっていける人はそれほど多くはいなかったようです。美術への関心を除いては研究に差しさわりのあることは教育でさえ積極的に取り組まなかったといわれています。

◥ケネス・E・エッジワース◣

海王星の外側に横たわるといわれるカイパー・ベルトはエッジワース・カイパー・ベルトとも呼ばれます。また海王星以遠の天体は通称ＥＫＢＯ（エクボ）と呼ばれます。これはエッジワース・カイパー・ベルト天体の英語表記（Edgeworth-Kuiper Belt Object）の頭文字をとったものです。

この名称に介在する「エッジワース」というのは海王星よりも遠いところに彗星の巣が存在するという予言を最初におこなったアイルランドの天文学者ケネス・Ｅ・エッジワース（Kenneth Essex Edgeworth, 1880 - 1972）のことです。

エッジワースは、１８８０年にアイルランドに生まれ、英国で職業軍人としての教育を受けて、アフリカ諸国でイギリス軍工兵部隊の士官として勤務しました。最後は中佐にまで昇進し、１９２６年に軍を除隊します。その後、スーダンの郵便局の主任技師として５年間務め、36年にアイルランドに戻りました。

エッジワースが天文学に興味を抱いたのは、アイルランドに戻ってからのことでした。そして43年、「惑星系の進化」という論文を書き、その中で海王星の軌道の外に彗星の巣があるという説を唱えたのです。これはカイパーによる提案の８年も前のことでした。

エッジワースは晩年、悠悠自適の生活を送り、１９７２年、92歳という高齢で亡くなりましたが、彼のこの天文学上の業績は歴史の中に埋もれ、95年まで知られることがありませんでした。その一つの理由はエッジワースの説がきちんとした数学的な議論に基づくものでなく、単なる推論程度のものだったことにもあるでしょう。カイパーがエッジワースの考えを意識的に無視したという噂もたちましたが真偽のほどはよく分かりません。なお、エッジワースはこればかりでなく、経済学にも関心を抱き、著書まで残しています。

参考資料

・David Jewitt "*WHY 'KUIPER' BELT?*"（カリフォルニア大学ロサンゼルス校教授Ｄ・ジュイット氏のＷｅｂサイトの解説文）
http://www2.ess.ucla.edu/~jewitt/kb/gerard.html

・Ronald E. Doel "*Kuiper, Gerard Peter,*"（Charles Scribner's Sons 社運営のＷｅｂサイト、ENCYCLOPEDIA.com の項目）
http://www.encyclopedia.com/people/science-and-technology/astronomy-biographies/gerard-peter-kuiper

・DALE P. CRUIKSHANK "*Gerard Peter Kuiper,*"（米国科学アカデミーのＷｅｂサイト、Biographical Mem-oirs 62巻　１９９３年収載の解説）
https://www.nap.edu/read/2201/chapter/12

セシリア・ペイン＝ガポーシュキン

〝天文史上最上のDr論文〟＝「宇宙は水素でいっぱい」

▲ペイン＝ガポーシュキン／絵＝吉澤正［Wikimedia コモンズの写真(https://upload.wikimedia.org/wikipedia/commons/thumb/3/3e/Cecilia_Helena_Payne_Gaposchkin_%281900-1979%29_%283%29.jpg/500px-Cecilia_Helena_Payne_Gaposchkin_%281900-1979%29_%283%29.jpg) を参考］

現在の宇宙には、１００種類以上の元素が存在しています。最も多いのが水素で、重量にして約73％を水素が占め、次にヘリウムが25％程度です。残りの元素は全部合わせても２％程度を占めるに過ぎません。

一方、地球の地殻の主成分が酸素とケイ素だというのは有名な事実です。地球の中心部では鉄が大部分を占めています。大気の主成分は窒素と酸素、そして生物の体を作っているのは水素と酸素と炭素です。

1920年ころまでは、太陽を作っている元素も地球を作っている元素と五拾歩百歩だろうと思われていました。

その常識をくつがえし、宇宙が水素で満ちていることを発見したのは、イギリス出身のアメリカの天文学者で、女性で初めてハーバード大学教授となったセシリア・ペイン＝ガポーシュキン（Cecilia Payne-Gaposchkin, 1900 - 1979）です。なお、この発見に関するセシリア・ペインの博士論文は、「天文学でこれまで書かれた博士論文でもっともすばらしい」と称されるほどすぐれたものでした。

■進路を決めたエディントン講演

セシリア・ペインは、1900年ロンドンの北西にある小さな町、ウェンドーヴァーに生まれました。父は法廷弁護士で歴史家でしたが、セシリアが4歳の時に亡くなっています。女子高で教育を受けた後、奨学金を得て19年、ケンブリッジ大学が女性のために設けたニューナム・カレッジに入学しました。当初は植物学志望でしたが、入学後は物理学や化学にも関心が芽生え、これら科目の授業も受講するようになりました。

やがてセシリアに〝幸運の女神〟が微笑みました。1919年の11月、ケンブリッジ大学では前年に行われた日食観測の結果に関するエディントンの特別講義がありました。この講義の内容は、「重力の影響で光の進路が曲がる」というアインシュタインの一般相対性理論の予言を確認する観測結果に関するものでした。

当然、大きな関心を集め、ニューナム大学にもチケットが割り当てられましたが、その数はたった4枚。セシリア・ペインが聴講を希望しても、とてもかなう倍率ではありませんでした。でもそれがかなった!! その幸運を射止めた一人が辞退したことからチケットがペインにまわってきたのです。

この講演は、ペインに大きな感銘を与えました。ペインはその日の夜、頭に浮かぶエディントン講演の一言一句を書き留めたといいます。

この講演を機に、ペインは天文学と物理学に進路を定めました。数学が得意でなかったペインですが、エディントンの講義に出席し、その熱意を認めたエディントンは彼女に、天文学科の図書室の利用を認めるなどの便宜をはからってくれました。

■アメリカに新天地求めて

1923年、ペインはニューナム・カレッジを卒業しましたが、卒業後も天文学研究者になる強い希望を捨てずにいました。しかしケンブリッジ大学は48年まで女性に学位を認めず、セシリア・ペインもその例外ではありませんでした。加えて、当時のイギリスでは女性が研究職をめざす選択肢はないに等しいものでした。そんな折セシリア・ペインは、イギリスを訪問していたアメリカの天文学者、ハーロー・シャプレーを紹介され、新天地アメリカでの研究を考えるようになりました。

1年後、エディントンはセシリア・ペインのために推薦状を書き、当時ハーバード・カレッジ天文台の台長だったシャプレーに送りました。ハーバード・カレッジ天文台には女性が研究をするための奨学金があり、天文台がそれをセシリア・ペインに充てることになったのです。

こうしてペインは、ハーバード大学の教員たちが女性のために作り、かのリービット（Ｐ・11参照）も学んだラドクリフ・カレッジに入学するため、１９２３年にアメリカにわたりました。しかし、アメリカに着いて天文学の研究を始めようとすると、「イギリスほどではないにせよ、学問を志す女性への敵意に似た差別が感じとれた」という意味のことをセシリアは、のちに自伝に記しています。このような周りの見方とは無関係に、セシリアは研究に打ち込みました。そんな彼女のことを、エディントンは、「チャンスさえ与えられれば、生涯を天文学に捧げるタイプの人間だ」と書いています。

■宇宙の組成の解明と水素の優越性

セシリア・ペインは、ハーバード大学では星の大気に関する研究に没頭しました。ハーバード・カレッジ天文台は、リービット（Ｐ・12参照）のいた当時からたくさんの星のカタログを作っていて、星の研究には最適の場所でした。

ペインはこれらのカタログを使い、様々な星の光のスペクトルの違いはそれらの星がそれぞれ違った物質を含むからではないこと、そして、星を形づくる物質の組成はどれも似たようなものだが、温度が違うために元素の電離度が星ごとに違い、そこで生じるイオンが再び電子をとらえ、さらに安定な状態に落ち着く時に出す光の違いがスペクトルの違いとなって現れる、といったことを突き止めたのでした。

ちなみに、「原子が電離する」とは、（原子はふつう、「＋（プラス）」電気を帯びた陽子と、同じ量の「－（マイナス）」電気を帯びた電子の数が同じなので）電気的に（「＋」でも「－」でもない）中性の原子が温度に見合ったエネルギーをもった光や電子などと衝突して、原子の外側を覆っている電子が何個かはぎ取られ、結果的に原子が「＋」の電荷を帯びる現象をいいます。こうして、原子から電子がはぎ取られて（つまり電離して）できたものが一般に「＋イオン」と呼ばれるものです。

またもう一つの言葉、「電離度」とは、原子がどの程度電子をはぎ取られたかの目安のことです。

さらにペインは、星の大気中で炭素やケイ素などが占める相対的な割合は、地球での割合とほぼ同じであるけれど、水素は他の物質と比べて圧倒的に多いことを示しました。

当時は、天文学者の間でさえ、太陽も地球と同じような物質からできていると考えられていました。しかしペインは、太陽を主につくっているのは水素であること、すなわち宇宙の主成分が水素であることを発見したのです。この発見の重要性から、シャプレーはペインに、これをテーマに博士論文を書くよう勧め、1925年にペインは、師の勧めに応えて、200ページを超える博士論文を提出しました。これは、ラドクリフ・カレッジから大学に提出された初の博士論文でしたが、学位授与に至るまでには紆余曲折がありました。

■権威の横暴に苦しむ

シャプレーは最初、ペインの論文を物理学科の大学院に提出するよう計らいましたが、そもそもハーバードは大学院を女性に開放していなかったためにこの論文の審査は拒否されました。そこでシャプレーは、天文学科として博士号を出すことにしたのです。ハーバードの天文学部はセシリア・ペインのおかげでできたものといえます。

ペインの博士論文は、これでなんとか審査を通ったかに思われるかもしれませんが、それでは済みませんでした。博士論文の内容にもケチが付いたのです。博士論文試験の審査員の一人は、プリンストン大学教授のヘンリー・N・ラッセル（Henry Norris Russell, 1877 - 1957）でした。ラッセルは、ヘルツシュプルングとは独立に星の明るさと星のスペクトル型との関係を示した図「ヘルツシュプルング＝ラッセル図（略してHR図）」を提案したことで有名で、当時、自他ともに認める恒星研究の第一人者でした。そのラッセルが、彼女の結論を論破できなかったにもかかわらずその妥当性を受け入れることを拒み、断定的な表現を避けるよう博士論文の書き直しを強要したのです。そのためセシリア・ペインは自分の結論を「見かけ上そう見える」と、曖昧な表現に書き改めざるをえませんでした。

セシリア・ペインの博士論文に対するこのような意見はラッセルばかりでなくエディントンまでがそうでした。エディントンは、ペインの得た結論に承服しなかったのです。

このことは言い換えれば、、ペインの結論が現在では想像できないほど、当時の常識とかけ離れていたということを意味しています。

その後ペインの業績の扱いをめぐって、科学者の公正さに疑問符を付けたくなるようなできごとも見られました。ラッセルは数年後、ペインとは別の手法でペインの結論と同じ結論を得た上、その論文ではペインの博士論文を引用こそしていましたが、学会などでは、星の主成分が水素であることを発見したのは自分であるかのような言動をとったようです。しかし、彼女の業績は後に正当に評価されました。当時のヤーキス天文台長オットー・シュトルーベはペインの論文について、「これまで書かれた天文学で最も優れた博士論文」の言葉を添えて讃えています

■ガポーシュキンとの出会い

博士号を取得後ペインは、銀河系の構造を知るために10等級より明るいすべての恒星の観測に取りかかりました。また１９３１年、ペインはアメリカの市民権を獲得することができました。

１９３３年にヨーロッパを旅行した際、セシル・ペインには、ドイツで、ロシアから政治亡命してきた天文学者セルゲイ・ガポーシュキンとの出会いがありました。この出会いで、セシリアの人生は新たな展開を見せることになりました。セシリアはガポーシュキンのためにアメリカのビザ発給申請の手続きを手助けし、それがガポーシュキンとの結婚（34年）へとつながることになりました。この結婚により、セシリア＝ガポーシュキン夫妻はその後の生涯で３人の子をもうけています。

■女性研究者の劣悪な環境を乗り越え

以後、研究は主に変光星の観測に向けられ、夫妻の共同で進められました。しかしこの研究の間、彼女には正規の職がなく、１９２７年から38年まで、シャプレーの技術助手の名目の安月給職に甘んじ

なければならず、あまつさえ、様々な雑用もこなさなければなりませんでした（彼女の給与は、書類上は装置の運用、メンテナンスなどの目的に充てられたものでした）。低過ぎる給与と女性であるがための評価の低さとに嫌気がさしたセシリアは、ハーバード大学をやめることを考慮するところまで追い込まれましたが、シャプレーの努力がみのり38年、正式にハーバード大学の教職員として採用されることになりました。

ただ、セシリア・ペインは実際には天文学の授業も受けもたされながら、彼女の授業が授業目録に載るようになったのは、1945年になってからのことでした。そのような差別に会いながらもセシリアは、200万個以上もの変光星のデータを積み重ね、星の進化の理解に大きな貢献をしました。

セシリア・ペインは、56年にハーバード大学の教授となりました。じつにこれが、ハーバードで最初の女性教授の誕生でした。のちに学部長にもなっていますが、もちろんこれも、ハーバードの女性では最初のことです。セシリアは66年に退職しました。この間彼女は、多くの学生を育ててもいます。その一人に、地球外文明の探査で有名なフランク・ドレイク（P・253参照）がいました。

セシリアは退職後も名誉教授として研究を続け、多くの著書を書き、天文雑誌の編集に携わりましたが、また大学以外でも、教会の日曜学校で毎週、9歳から12歳までの少年・少女を教えていたといわれています。セシリアは1979年、世を去りました。

昇進の遅れ、給与の安さについてセシリアは、「思いがけないゴールに向かう景色の美しさに惹かれてとぼとぼと歩いてきただけです」と述べています。彼女の人柄というよりも諦めの気持ちの述懐が感じ取れます。その背景に「時代的要因」があったとはいえ、セシリアは、もっともっと評価されてしかるべき女性天文学者の一人だったといえるでしょう。

参考資料

・Richard Williams "*Cecilia Payne-Gaposchkin and the Day the Universe Changed*"（ＡＰＳ運営のＷｅｂサイト中、ＡＰＳニュース欄のThis Month in Physics特集、１９２５年１月号収載の記事）

https://www.aps.org/publications/apsnews/201501/physicshistory.cfm

・Stewart Dunlop "*Cecilia Payne – The woman who discovered what the Sun was made of, but never given credit*（180Vita Ltd. 運営のＷｅｂサイト、Documentary Tube.comのArticlesに２０１５年に収載された解説）

http://www.documentarytube.com/articles/cecilia-payne--the-woman-who-discovered-what-the-sun-was-made-of-but-never-given-credit

・Owen Gingrich "*Payne-Gaposchkin, Cecilia*"（Harvard Square Libraryの解説）

http://www.harvardsquarelibrary.org/biographies/cecilia-payne-gaposchkin-3/

・Neil Gehrels "Woman In Astronomy, Cecilia Payne-Gaposchkin"（Women In Astronomyのブログ）

http://womeninastronomy.blogspot.jp/2014/02/cecilia-payne-gaposchkin.html

第二部　科学的宇宙論の開拓者たち

アルベルト・アインシュタイン

現代宇宙論の開拓者

▲1921年、オーストリアのウィーンで講演中のアインシュタイン／出典＝Wikipediaパブリックドメイン（http://www.bhm.ch/de/news_04a.cfm?bid=4&jahr=2006）

20世紀でもっとも有名な科学者といえば、アルベルト・アインシュタイン（Albert Einstein, 1879 - 1955）でしょう。自然についての人々の考え方をがらりと変えた特殊相対性理論や一般相対性理論が特に有名ですが、そのほかにも原子や分子の存在を理論の面から支持する「ブラウン運動の理論」や、ミクロの世界の法則である量子力学の発見のきっかけとなった「光量子仮説」の提案など、生涯で３００編以上もの論文を書いています。

アインシュタインの研究は自然法則の追求のような、非常に基本的なものという印象があって、読者のなかには、

「どうして天文学とアインシュタインが関係するの？」

と思われる人もいるかもしれません。しかし意外かもしれませんが、アインシュタインと天文学とは、とても深い関係があるのです。

20世紀の後半になって私たちは、宇宙には常識では考えられないほどの大きなエネルギーが関係した現象が存在することを知りました。

たとえば、銀河系のあちこちにＸ線やガンマ線という非常に高いエネルギーの光子（電磁波）を出している小さな天体があったり、何十億光年ものかなたにあって、太陽系よりも小さな領域から銀河系（＝私たちの太陽系が存在する銀河）の１００倍ものエネルギーを放出している「クエーサー」と呼ばれる天体があったりすることが発見されたことなどです。

このような高エネルギー現象を扱うには、特殊相対性理論が不可欠ですし、そのどれにも中性子星やブラックホールと呼ばれる、一般相対性理論でなければ扱えない天体が関与しています。また、宇宙の膨張のふるまいや構造の研究は、一般相対性理論を使って行います。

宇宙論で宇宙を加速度的に膨張させる原動力として近年話題の、「暗黒エネルギー」と同等の物理的存在を初めて考えたのもアインシュタインでした。

また重力場によって光の進路が曲がり光学レンズと同じ働きをするという意味の「重力レンズ」にもアインシュタインが関係しています。ということで20世紀以降の天文学の発展には、アインシュタインが大きな影響を与えているのです。

天才の名をほしいままにしたアインシュタインですが、その人生は紆余曲折に富んでいました。ここでは、このアインシュタインを取りあげましょう。ただし話題に事欠かないアインシュタインですので、ここでは主に天文に関係することに話を絞ります。

■生い立ち

アルベルト・アインシュタインは１８７９年、ドイツ南西部の、シュツットガルトを州都にもつバーデン・ヴュルテンブルク州の小さな町ウルムで生まれました。父親は羽根布団を商う商人、母親は音楽好きな女性でした。アインシュタインが生まれて間もなく、父親の商売が左前になり、また叔父の提案もあって一家はミュンヘンに移り、新たにガス水道工事店を始めます。そんな変転の中、妹マヤが生まれます。マヤは一生を通してアインシュタインのよき理解者となりました。後年、マヤが亡くなったときアインシュタインは、「妻が死んだ時より悲しい」とまで語っています。

アインシュタインは、３歳まで言葉を話せず、両親が大変心配したというのは有名な話です。話し始めてからもゆっくりとしか発話できず、いつも物思いにふけっているような、物静かな子供でした。

しかし、両親は優しく誠実で、アインシュタイン家はとてもよい雰囲気だったそうです。

ユダヤ人の家庭の常として、アインシュタイン家は教育にも熱心で、両親はアインシュタインに家庭教師をつけましたが、その医学生の家庭教師が炯眼（けいがん）のもち主で、アインシュタインのすぐれた才能をいちはやく見抜き、学校の勉強とはかけ離れた数学や物理を教えたということです。アインシュタインもよくその期待に応（こた）え、ぐんぐん才能を伸ばしていきました。

ミュンヘンでは、アインシュタインの叔父が中心になって発電所の建設や発電機の製造などを手がける会社を立ち上げました。しかし、この会社もあまりうまくいかず、アインシュタインが15歳のころ、倒産してしまいました。

■勉学継続の危機

また、医学生の指導を受けて順調だったアインシュタインの人生も日本の中高一貫校にあたるギムナジウムに入ったころから波風が立ってきます。プロイセンによる統一後のドイツは、軍国主義一辺倒で学校にもその風潮がはびこっていました。

理性的、科学的なもの以外には何の権威も認める気になれなかったアインシュタインは、この風潮になじめませんでした。いかにも人をバカにしたような態度で授業に臨むアインシュタインは、教師からの覚えも芳しくなかったと言われています。

ミュンヘンでの叔父らの会社の倒産後、アインシュタイン一家はアルベルト一人を残してイタリアのミラノ近郊に移り、そこで再び電気関係の会社を興しました。アインシュタインはだれに相談するでもなくギムナジウムをやめ、両親のもとに帰ってしまいます。当時、ギムナジウムを卒業しさえすれば大学入学資格が与えられたのですが、アインシュタインはそれを棒に振ってしまったのです。そればかりか後には、よほど嫌いだったのかドイツ国籍まで捨ててしまいました。

しかしイタリアでの経験は無駄ではありませんでした。アインシュタインは叔父と一緒に工場で電気器具や発電機などの修理などを手伝い、体感で電気と磁気の性質を学ぶことができたからです。

■天才アインシュタインを育んだアーラウのギムナジウム

もちろん、アインシュタインは大学をあきらめたわけではありませんでした。また大学に入って教師になってほしいという父親の期待も背負っていました。そこでアインシュタインは、チューリッヒにあった国立技術専門学校（1911年、チューリッヒ連邦工科大学と改名。通称ＥＴＨと呼ばれる）を受験しますが、不運にも不合格の憂き目に遭（あ）いました。次いで父親の勧めで、スイスのアーラウにある（大学予備門とも言うべきヨーロッパの中等教育機関の）ギムナジウムに編入します。たった1年の滞在でしたが、この選択はアインシュタインの人生を決定づけたと言ってもいいほど大正解でした。

ドイツと違い、自由な雰囲気で、権威に束縛されることなく、電気と磁気の実験に没頭できました。そんな雰囲気の中で、「光にのったら電気と磁気の振動はどう見えるだろう?」といった、普通の学生には考え付きもしない突飛（とっぴ）なことを考える能力が養われました。

また、ギムナジウムのアインシュタインは、こんな一面ものぞかせてくれました。アインシュタインはギムナジウムの校長の家に下宿していましたが、この校長の娘と初恋を経験したのです。こうした様々な経験をして、アインシュタインはギムナジウムを無事卒業し、17歳で晴れて、ＥＴＨに入学します。

せっかく入学した大学ですが、そこでも教授陣とはあまりソリが合わなかったと見えます。今回は、以前のように政治的なことではなく、教育の方針・内容がアインシュタインの望んでいたものとは違っていたのが理由でした。

アインシュタインは、当時の最先端の勉強、自分が最も尊敬していたスコットランドの物理学者ジェームス・マクスウェル（James Clerk Maxwell, 1831 - 79）が基礎をつくった電磁気学のような科目の講義や実験を望んでいましたが、ＥＴＨのカリキュラムは力学、熱力学など、旧態依然とした授業ばかりだったのです。大学の先生の立場からすれば、「基礎をしっかり勉強しておくことが大事だ」ということになるのですが、アインシュタインにとってはその種の基礎はすでに独習済みで、わざわざ授業を受けるまでもなく、いきおい、教室にいるよりカフェで独習している時間のほうが長くなったと言えます。

とはいえ、授業は「学生に天才はいない」という前提でおこなうものなので、ＥＴＨの教授陣もアインシュタインの存在には手を焼いたに違いありません。その結果、教師間での評判は「アインシュタインは勤勉ではない」という烙印ばかりとなります。当時ＥＴＨには、のちに「ミンコフスキー時空」という特殊相対性理論の教科書には必ず登場する、時間と空間を統一した概念を提案したことで知られる数学者、ミンコフスキーが在職していましたが、そのミンコフスキーは後年、特殊相対性理論をつくったのがアインシュタインだと知って、「あの怠け者が」と心底驚いたといいます。

ＥＴＨ時代のアインシュタインは、のちに結婚するセルビア出身のミレーバ・マリッチと出会い、すぐに恋に落ちます。

■ＥＴＨ卒業から特殊相対性理論まで

１９００年、アインシュタインはＥＴＨを卒業します。同じ年に卒業予定の他の４人のうち３人も卒業してすぐにＥＴＨの助手に採用されましたが、アインシュタインは採用に至りませんでした。残りの一人だったミレーバは、卒業試験に落ちてしまいました。

そして、悪いことは続くものです。アインシュタインが助手職任官を果たしそこねたのと時を同じくして、イタリアでは父親の会社も倒産し、アインシュタインはたちまち生活苦に陥りました。必死で就職活動に奔走し、高校の代用教員をして窮状をしのぐありさまでした。

その間もミレーバとの親密な付き合いは続き、ミレーバは妊娠し、ベルンを離れます。当時のヨーロッパでは、結婚していない女性が妊娠することに世間の目が厳しかったのです。ミレーバはセルビアに戻って娘を出産し、リーゼルと名づけました。しかし、リーゼルはアインシュタインに会うことなく里子に出されてしまい、以後、消息は不明です。チューリッヒに戻ったミレーバは卒業試験の再試験に臨みますが失敗し、科学者になる夢は断たれました。

アインシュタインはどうかというと、１９０２年にＥＴＨ時代の友人グロスマンの父親の口利きが功を奏してようやく、スイス、ベルンの特許局に就職することができました。それをきっかけにアインシュタインはミレーバとの結婚を考えるようになります。両親の猛反対に遭うものの03年、二人は結婚に漕ぎつけ、翌年、長男ハンスが生まれました。こうしてたどり着いた結婚生活でしたが、このころから二人の間にはほころびが生じ始めていました。

ベルンでのアインシュタインは特許局職員としての仕事や物理の家庭教師などをかけもちして充実した生活をおくっていました。それに引き換えミレーバは、育児に疲れ、自分だけが置いてきぼりにされているように感じたのです。実際にそうだったのでしょう。最初はアインシュタインもミレーバを主婦としてよりも科学を一緒に議論できるパートナーとして愛していたのですが、議論を一緒にするような能力も雰囲気もミレーバはもちあわせていませんでした。

アインシュタインの住んでいたアパートは現在、「アインシュタインハウス」として公開されており、私も訪れたことがあります。ベルンの駅から東へ10分も歩くと、そのアパートがある、庇（ひさし）のついた古いヨーロッパスタイルの建物が目立つクラム通り（「通り」は、ドイツ語ではStraße（シュトラーセ）ではなく、「路地」の意味合いの強いGasse（ガッセ）だったのが印象的。日本とは大きさの感覚が異なる）につながります。アパートの一階がカフェになっており、狭い階段で二階に上がると受付があり、室内を見学することができました。幅が数メートルほどのこの小さな部屋であの若き天才物理学者が友人と物理を議論していたかと思うと得も言われぬ感慨が込み上げてきたものでした。

■奇蹟の年のアインシュタイン

「奇跡の年」と呼ばれる1905年は、こうした環境で準備されていきました。この年アインシュタインは、光量子仮説、ブラウン運動の理論、特殊相対性理論の三つの論文を立て続けに発表します。

光量子仮説は、光が電磁波という波であると同時に粒子としても振る舞うという奇妙な性質をもっていることを示したもので、ミクロの世界の理論である量子力学の扉を開いた研究です。

ブラウン運動とは、植物学者ブラウンが花粉から出た小さな粒子が水中で見せるランダムな運動として発見した現象ですが、その原因はそれまで不明でした。アインシュタインはこの現象を、莫大な数の水分子があらゆる方向から微小粒子に不規則にぶつかって引き起こされると考え、微小粒子の運動を記述する式を導いたのです。当時、原子や分子の存在はまだ仮説の段階で、それに反対する研究者も多かったのです。アインシュタインの理論は、ブラウン運動の観測から分子の存在を確認するものでした。

そして特殊相対性理論は、初めて時間、空間を扱った物理学です。光速度が観測者の運動にかかわらず一定という観測事実から、観測者ごとに測定する時間の進み方と空間間隔が違うという結論を導いたのです。このことを4次元時空内の座標系の取り方の違いとして幾何学的にとらえたのがETH時代の数学の先生、ミンコフスキーでした。

アインシュタインはこれらの研究がすぐにヨーロッパ中の研究者の注目を集め、賛同なり批判なりが寄せられるものと思っていました。ところが何の反応もありませんでした。完全に無視されたのです。これらの研究に絶対的自信をもっていたアインシュタインは落胆しました。しかしそんな状況でも、ごく一部の物理学者はアインシュタインの研究を評価しました。その代表が当時、ドイツ物理学界の重鎮だったマックス・プランク（Max Karl Ernst Ludwig Planck, 1858 - 1947）でした。プランクの支持もあって、アインシュタインの名声は次第に高まりを見せ、08年、ベルン大学の講師となりました。次いで09年にはＥＴＨの准教授となりました。大学に務めるといって特許局を辞任することを上司に報告したとき、上司が冗談を言うなと真っ赤になって怒ったといいますから、アインシュタインの特許局での仕事ぶりが想像できます。ちなみに「相対性理論」というのはプランクがつけた名前ですが、アインシュタイン自身はあまり気に入らなかったようで、自分では「不変性理論」と呼んでいました。

■一般相対性理論

アインシュタインは特殊相対性理論で決して満足していませんでした。というのはこの理論では重力が扱えないからです。従来の重力理論は18世紀に天才ニュートンのつくったものですが、この理論では重力はどんな遠くにも一瞬で伝わります。これは光速度以上で伝わる現象は存在しないという特殊相対性理論に明らかに矛盾しています。また水星の運動の詳細な観測からも、当時すでにニュートン理論のほころびが見えていたのです。誰の目にも新しい重力理論が必要なことは明らかでした。よく誤解されることですが、新しい重力理論の研究はアインシュタインだけがおこなっていたのではありません。特殊相対性理論が一般に認められてからは多くの研究者が重力の問題に取り組みました。一刻を争う競争にアインシュタインは没頭しました。

■等価原理＝人生最高の着想

１９０７年、アインシュタイン自身が「私の人生で最高の着想」と評したアイデアを思いついた年です。それは、落下している観測者は重力を感じないはずだということです。昔、ガリレオがピサの斜塔から鉄の球と木製の球を落とす実験をして同時に落下することを確かめたという伝説があります。これは、物体はその重さや組成にかかわらず重力場中では同じ加速度で落下するという「等価原理」と呼ばれる、重力のもっとも重要な性質です。落下している二つの物体の相対的な位置関係は変わらないので、あたかも一方から見れば他方は宙に浮かんでいるように見えるのです。もちろん二つとも落下しているのですが、もし二つの物体が自由落下するエレベーターの中にあってエレベーター自体が落下していることに気が付かなければ、エレベーターの中ではまるで重力がないように見えるでしょう。重力が落下運動によって消せるのなら、逆に重力がない空間で加速度運動をすれば重力がつくれるのではないかということになります。しかしこれだけでは正しい重力理論にはなりません。

１９１０年、アインシュタインはチェコのプラハ大学から高給で教授職に招かれ、ベルンからプラハに移ります。プラハへの滞在は１年間だけでしたが、そこで「曲がった時空」という発想が芽生えました。離れた2点での物体の落下をもっと詳しく観察すると、二つの物体の距離は落下するにつれてほんの少しずつですが近づいていきます。この近づき方は二つの物体が何であろうと全く同じです。アインシュタインはこの近づく理由を、「空間が曲がっているから」と考えたのです。たとえていえば赤道上の離れた2点から北極を目指して飛んでいる２機の飛行機が北極に近づくにつれ、近づいてくるようなものです。これは、２機の飛行機の間に力が働いているわけではなく、地球の表面が曲がっているからです。ところが曲がった空間の数学が分からないのです。ここに助け舟が現れました。アインシュタインを父親を介してベルンの特許局に紹介した数学者グロスマンが母校ＥＴＨの教授になっていて、ＥＴＨの教授に呼んでくれたのです。チューリッヒに戻りグロスマンといっしょに曲がった空間の数学であるリーマン幾何学の勉強に取り組みました。そして紆余曲折の結果、１９１５年の暮、ついに一般相対性理論にたどり着いたのです。

■破局、そして新生活

特殊相対性理論から10年間、アインシュタインは家庭を顧みるいとまもなく、研究に没頭しました。１９１０年には次男エドワードが生まれますが、ミレーバとの仲は冷え込んでいくばかりでした。ミレーバはアインシュタインへの来客に露骨にいやな顔をし、アインシュタインはアインシュタインで、「自分の部屋に入らないように」という契約をミレーバに迫るまでになっていました。

アインシュタインの体は過労のためぼろぼろになっていましたが、１９１４年にベルリン大学教授としてベルリンに単身赴任し、そこで従妹のエルザとの付き合いが始まります。16年にドイツ物理学会の会長に、17年には現在のマックス・プランク研究所の前身、カイザー・ウィルヘルム研究所の初代所長へと、着々と地位を挙げていきますが、過労で倒れ、エルザの献身的な介護を受けることになります。

こうしてエルザとの仲はどんどん親密度を増してゆき、ミレーバとは、将来受けるであろうノーベル賞の賞金を慰謝料として渡すという条件で離婚。19年には、エルザとの再婚に至りました。

結局、1921年度のノーベル賞が光量子仮説に対して与えられました。

ミレーバとの離婚という私生活のいざこざが極に達した19年は、イギリスの天文学者エディントン（P・163参照）率いる日食観測隊が太陽による星の光の進路の曲りの観測を行い一般相対性理論の予言の正しさを検証するというニュースが世界中を駆け巡り、アインシュタインの名前が世間的に知れ渡った年でもありました。

これをきっかけにアインシュタインは、世界中から招待を受け、22年には日本をも訪れ、各地で講演会がもたれることになりました。訪日の際、アインシュタインが乗った汽車（きしゃ）が停車する駅は、天才物理学者の姿を一目見ようと黒山の人だかりができたと伝えられています。今でいえば、さしずめ車椅子の天才ホーキングといったところでしょうか。

■「統一場理論」探求への没入

しかし、ベルリンに移ってからは政治的な環境と無縁ではいられなくなりました。1914年に第一次世界大戦が始まり、アインシュタインは最初の反戦宣言を出しました。同大戦に敗れたドイツの経済は困窮し、その反動は国家主義、民族主義の台頭を招きます。科学にもその傾向は強まっていきました。相対性理論は、「ユダヤ人科学の代表」というわけの分からない理由で批判されたりもしました。

理性的であること、科学的であること以外の権威を全く認めないアインシュタインにとってドイツの生活は息苦しいものになっていきました。ついに33年、ナチスが政権をとりユダヤ人迫害を始めるに及んでアインシュタインはドイツを去り、アメリカに亡命して、その後二度とドイツの地を踏むことはありませんでした。一般相対性理論をつくった後から重力と電磁気力の統一に力を注ぎ始めました。アメリカに移ってからは何度も何度も新しい理論を考えては否定するということの繰り返しで、だんだんと最先端の話題から離れていきます。まわりの研究者からは、アインシュタインの統一場理論の試みは物理とはかけ離れ、数学の森の中を迷子のようにさまよっているようにしか見えないものでした。

そして１９５５年４月15日、腹部大動脈瘤が破裂する事態に見舞われましたが、アインシュタインは延命治療を断り、同月18日、76歳の生涯を閉じました。

■宇宙とアインシュタイン

アインシュタインと宇宙の関わりを問題にするなら、まず取り上げるべきは一般相対性理論でしょう。一般相対性理論を組み上げたアインシュタインは、宇宙の問題に取り組みました。その過程でアインシュタインは、ある意味で現代宇宙論の最大の謎というべきものを発見します。当時、宇宙が膨張していることなど、だれも想像していませんでした。アインシュタインは、一般相対性理論によって宇宙の大きさや形がその中に存在する物質によって決まっていると考えました。実際に計算してみると宇宙は無限の過去から無限の未来まで一定の形でいることはできず、すぐに潰（つぶ）れてしまうことを見つけたのです。「宇宙は永遠に変化しない、静的な存在である」というのがアインシュタインの宇宙に関する信念でしたから、この発見は彼にとって青天のへきれきでした。そこでアインシュタインは、重力に拮抗する反発力を考え、永遠に一定の形を保つことができる宇宙をつくったのです。この力を「宇宙定数」と呼びます。こうしてつくったアインシュタインの宇宙は、その中に含まれる物質の量によって決まる有限の大きさをもち、しかも果てがありません。ある方向に真っ直ぐ進むといつの間にか元の場所に戻ってくる性質を帯びているのでした。

■アインシュタイン人生最大の失敗

ところがそれから10年ほど後になり、アメリカの天文学者エドウィン・ハッブル（P・31参照）の観測によって、宇宙が膨張していることが発見されました。宇宙は不変な存在ではなかったのです。そのようなわけで、宇宙定数を導入する理由がなくなったのです。アインシュタインはもともと宇宙定数が気に入っていたわけではありませんでした。反発力の原因が全く不明だからです。そこでアインシュタインは宇宙定数を導入したことを「人生最大の失敗」としてこの修正を取り下げてしまいました。ところが今度は、その反発力の存在を否定する理由は？　というと、どこにも見出せないのです。必要ないからといって勝手にひっこめることはできないのです。アインシュタインはパンドラの箱を開けてしまったのです。宇宙定数の値を理論的に決めることは現在もできていません。

宇宙定数の存在を理論的に否定することはできませんが、反発力の原因もよく分からないため、長い間、宇宙定数は表立って問題にされることはありませんでした。その状況が変わってきたのは

１９８０年ころのことでした。

その当時、古い星を構成員とする天体としてよく引き合いに出される球状星団の中に、年齢が１３０億年程度の非常に古いものが発見されたのです。星は、質量の小さいものほど長い寿命をもっています。球状星団ではいろいろな質量の星が生まれますが、質量の大きいものから超新星爆発や白色矮星になって消えてゆき、古い球状星団ほど質量の小さいものしか残っていないことになります。

星の質量は、その星の明るさや色と関係があることが分かっているので、星の明るさを調べればその星の質量の見当がつき、引いてはその星の大体の年齢を知ることができます。そうして、その星が属している球状星団の年齢が推定できます。一方、宇宙の現在の膨張速度を測ることができれば、一般相対性理論によって過去の膨張速度も推し量ることができ、宇宙年齢が推定できます。

宇宙定数が存在しないとすると、膨張速度の観測から宇宙年齢は１００億歳程度と推定されます。しかし、星の年齢は１３０億歳です。宇宙年齢より古い天体が存在するはずはありません。これは矛盾です。この矛盾の一つの解決法が、宇宙定数を再導入して宇宙のある時期に膨張速度を加速させることでした。現在加速しているということは、過去の膨張速度は現在より遅かったことになります。したがって、現在の宇宙になるまでにより長い時間がかかるという訳です。

■重力レンズ効果

じつは、筆者もそのころ、「宇宙定数の存在を何とか観測から確かめられないか？」と考え、重力レンズ現象を利用した研究をしたことがあります。重力レンズというのは、遠方の天体の光が私たちに届くまでの間にある天体の重力で曲げられる現象です。これも一般相対性理論が基礎になっています。アインシュタイン自身も1935年ころに研究しましたが、星と星が地球上の観測者の視線上でほぼ一直線上に並ぶようなことはほとんど起こらないとして、それ以上研究を前に進めることはしませんでした。しかし銀河や銀河団は大きく広がっているため、それらによる重力レンズはより高い確率で起こるはずです。重力レンズ現象はそれを引き起こす銀河の数が多ければ多いほど頻繁に起こります。そして銀河の数は、空間の広がり具合に関係しています。

宇宙が過去のある時期から加速膨張していたとすると、宇宙年齢が伸びて空間が大きく広がっていたことになり、銀河がたくさんあったことになります。その結果、重力レンズ現象が大きな確率で起こることになるのです。実際に計算してみると、宇宙定数がない場合に比べて10倍程度、確率が高くなることが分かりました。残念ながら銀河による最初の重力レンズ現象が発見されたのは79年で、筆者が重力レンズの研究をし始めた当時（90年ころ）はまだ観測にかかる数が少なく、理論と観測を十分に比較できる状況ではありませんでした。しかし99年ころから始まった、多数の銀河の距離や分布などをできるだけ遠くの宇宙まで調べ、大規模な宇宙地図を作ろうという大規模銀河サーベイ（ＳＤＳＳ＝スローンデジタルスカイサーベイ＝アメリカのニューメキシコ州にあるアパッチポイント天文台に専用の特殊なＣＣＤカメラを装着した口径２・５メートル望遠鏡を新設し、ここを拠点に行われている掃天観測計画。このＣＣＤカメラの開発には、日本の研究者チームが大きな貢献をしています。計画名の「スローン」は、この計画に資金を提供してくれているスローン財団に敬意を表して付けられた〝冠〟）によって数多くの重力レンズが発見され、そのデータを用いると確かに宇宙定数が存在することが分かりました。ただ残念なことは、98年ころから超新星サーベイが始まり、この観測によって宇宙が加速膨張していることが先に確認されてしまったため、重力レンズ効果を利用した研究手法は引き合いに出される機会に恵まれないというのが現実です。それはともかく、現在、宇宙膨張を加速させる原因のエネルギーには「暗黒エネルギー」という名称が与えられ、その物理的本質については様々な可能性が考えられています。アインシュタインとの関係でこれまで登場させてきた宇宙定数はその中の一つですが、2017年までの観測は、暗黒エネルギーが宇宙定数であることを示唆しています。

アインシュタインについては話題が尽きませんが、最後に筆者が一番好きなアインシュタインの言葉（というか考え）を紹介して終わりにしましょう。

「自然は神の言葉で書かれた膨大な図書館です。私はこの図書館の中で日夜神の言葉を解読しようとしているのです。」

参考資料

・二間瀬敏史著『七転八倒アインシュタイン　甦る天才の予言』（2006年、大和書房）

カール・シュヴァルツシルト

塹壕で重力場方程式の解を発見

▲カール・シュヴァルツシルト／出典＝Wikipeidia パブリックドメイン（https://upload.wikimedia.org/wikipedia/commons/thumb/4/48/Schwarzschild.jpg/300px-Schwarzschild.jpg）

現代天文学が明らかにした宇宙は、莫大なエネルギー活動があふれる世界です。そのエネルギー源の担い手としてブラックホールはなくてはならない存在です。ブラックホールの存在なくしては宇宙の真の姿は分かりません。しかし、その存在は長い間、懐疑の眼差しで見られてきました。今回は、ブラックホールの生みの親、カール・シュヴァルツシルト（Karl Schwarzschild, 1873 - 1916）をとりあげましょう。

■西部戦線に散った天才

カール・シュヴァルツシルトは、１８７３年、ドイツ、フランクフルトでユダヤ人の両親のもと六人兄弟の長男として生まれました。11歳でフランクフルトのユダヤ人小学校を卒業した後、フランクフルトのギムナジウムに入学します。当時、父親の友人でフィラントロピン・アカデミー（Philanthropin Academy）という女性向け大学の数学教授でエプタインという人がいました。この人は天文学にも興味があり、個人で天文台をもっていました。この人の影響もあって、そのころからカールは天文学に興味をもちました。エプタインにはまた、カールより二歳年上のポールという息子がいましたが、二人は天文学への関心を共有して望遠鏡を作ったりしたほか、ポールはカールに数学を教えたりしたそうです。

もともと小さなころから神童と呼ばれるほど優秀だったカールは、めきめきと才能を伸ばしていき、特に天体力学に没頭し、なんと16歳で連星の運動について２編の論文を書いています。１８９１年、ストラスブルグ大学に入学し、２年後、ミュンヘン大学に移って96年には23歳で博士号をとります。このときの研究は、自転している天体の安定形状に関するフランスの高名な数学者ポアンカレの理論を月の潮汐力による変形や太陽系の形成に応用したものでした。博士号をとってすぐにシュヴァルツシルトはウィーン郊外にあった天文台に助手として採用され、写真乾板を用いた星の明るさの決定という研究に携わります。シュヴァルツシルトは、この研究によってミュンヘン大学で教授資格を取りました。この間も数学への興味は失わず、１９００年にはハイデルベルグで開かれたドイツ天文学会で空間が曲がっている可能性について議論しています。アインシュタインが曲がった空間という発想を得たのは07

年から08年ころですから、それよりもずいぶん早かったことになります。

そして01年、28歳のときにシュヴァルツシルトは、ゲッチンゲン大学教授とゲッチンゲン天文台の台長を兼任して星の放射の大気中での伝播などの研究を行いました。当時のゲッチンゲンには、ヒルベルト（David Hilbert, 1862 - 1943）、クライン（Felix Christian Klein, 1849 - 1925）、ミンコフスキー（Hermann Minkowski, 1864 - 09）などそうそうたる数学者が集まっていました。この雰囲気はのちに、シュヴァルツシルトが一般相対性理論を習得するのに非常に役立ったはずです。ゲッチンゲンには09年までいましたが、その最後の年に結婚し三人の子供をもうけました。そのうちの一人、マーティン・シュヴァルツシルト（Martin Schwarzschild, 1912 - 97）はのちに、プリンストン大学の天文学の教授になります。筆者が学部生のころ、マーティン・シュヴァルツシルトの書いた著書『恒星の構造と進化』は有名な教科書でした。09年の末、カール・シュヴァルツシルトは推挙を受け、当時ドイツで最も権威のあったポツダム天文台の台長に就任し、そこで分光学の進展に大きな貢献をしました。

１９１４年、ヨーロッパで第一次世界大戦が勃発すると、シュヴァルツシルトは40歳という年齢をおして、みずから軍に入ります。そしてベルギー、フランスと転戦し、15年には砲兵技術将校としてロシア戦線に移動します。そこでシュヴァルツシルトは２編の論文を書いています。一つはいわゆるアインシュタイン方程式のシュヴァルツシルト解の発見、そして電場中での水素原子のスペクトル（現在シュタルク効果として知られています）を量子論にもとづいて説明した論文です。どちらも当時の最先端の学問でした。ところがこのあとすぐシュヴァルツシルトは、天疱瘡（てんぽうそう）という自己免疫疾患にかかってしまいます。この病気は自分の皮膚を異物として攻撃し、激しい痛みを伴う病気として知られています。当時はこの病気に対してなすすべがなく、カール・シュヴァルツシルトはこの病のために、16年３月、42歳という若さで亡くなりました。

◥シュヴァルツシルト解とブラックホール◣

１９０５年の特殊相対性理論提唱から10年、体調を崩すほどの研究によってアインシュタインは重力を時空の曲りとしてとらえる一般相対性理論を完成します。完成した方程式は、「エネルギーの存在によって時空が曲がる」という形になっており、「アインシュタイン方程式」と呼ばれています。

一般相対性理論では、時空自身も曲がることでエネルギーをもち、そのエネルギーもまた時空の曲りに寄与するという構造になっています。またニュートンの重力理論では、「ニュートンポテンシャル」と呼ばれる一つの量だけで重力場を表すことができますが、一般相対性理論では、重力場は「メトリックテンソル」と呼ばれる10個の変数によって表されます。これら10個の量が複雑に絡み合った式がアインシュタイン方程式です。

この方程式をみちびいたアインシュタイン自身でさえ、方程式を厳密に解くことなどできないと思い込んでいました。

ところがシュヴァルツシルトはこの方程式を解いてしまったのです。それも一般相対性理論が誕生した直後のことでした。もとより、一般相対性理論の教科書などというものはありません。戦火の中、論文を読むことさえ難しかったでしょう。

シュヴァルツシルトは、複雑な形をしている方程式を簡単化し、できるだけ見通し良くするために、「物質は存在せず、時空は時間変化しない」と仮定しました。さらに「空間は球対称である」ことも仮定しました。「球対称」というのはある点を中心として、どの方向にも空間の性質が同じように変化する、言い換えれば、どの方向を見ても区別がつかない、ということです。要するにまん丸な星の外側の空間を考えたのです。そうすることで10個ある重力場の変数を二つに減らしました。10個の方程式が2個の方程式になり、アインシュタイン方程式が解けてしまったのです。そしてそれをアインシュタインに手紙で知らせました。

塹壕のシュヴァルツシルトから届いた手紙に対しアインシュタインは、「(アインシュタイン方程式を解くという)この問題の厳密解をこんな簡単な形で定式化できるとは思ってもみなかった」と返事を書いています。アインシュタインは従軍中のシュヴァルツシルトに代わり、論文をドイツアカデミーに投稿しました。

シュヴァルツシルトはこの解を原点におかれた質点の周りの時空を表すものと考えましたが、一見してこの解には不思議な性質があるのが分かりました。ある質量を与えたとき、その質量で決まる半径のところで空間が無限に曲がるように見えたのです。たとえば太陽の質量だと、その半径は３キロメートルとなります。要するに太陽の質量をそのままにして半径を70万キロメートルから３キロメートルに「ぎゅーっ」と縮めれば、そんな変なことがおこるのです。この半径のことを、現在では「シュヴァルツシルト半径」と呼んでいます。シュヴァルツシルト自身は、このような半径が実際に自然界に現れるとは考えていませんでした。

彼は、この解はあくまでも、シュヴァルツシルト半径よりもはるかに大きい領域の時空を表すと考えていました。当時はだれもそんな半径まで星を縮めることは不可能と考えていたのです。この解で表される時空がどんな天体を記述しているかが理解されたのは、１９５０年代になってからのことでした。

◤ブラックホール研究のその後◣

シュヴァルツシルトが、自分自身の見つけた解が現実の天体を表すものとは考えなかったのは、太陽程度の莫大な質量を半径３キロメートル程度に潰すメカニズムがあるとは思わなかったからです。ところが１９３０年、インドからイギリスに向かう船の中で若きインド人天体物理学者のチャンドラセカール（Ｐ・１８４参照）が、進化の最終段階の星には、ある限界質量があることを示しました。今日、「チャンドラセカール限界質量」と呼ばれるその質量を超えた星は、自分自身の重さに耐えきれず際限なく潰れていくのです。これを「重力崩壊」といいますが、この考えに基づいてアメリカの物理学者オッペンハイマー（Julius Robert Oppenheimer, 1904 - 67）と学生たちは、重力崩壊が実際に起こることを一般相対性理論を使って示しました。

もっとも、限界質量の存在もオッペンハイマーたちの研究も、すぐに認められたわけではありませんでした。というのは、オッペンハイマーたちは、星はまん丸のままで縮んでいくとしましたが、実際の星は大なり小なり回転していて大きさが縮んでくると回転が速くなり、大きな遠心力が働きます。このような状況下では、星は赤道方向が極方向よりも膨らんでまん丸からひしゃげていきます。このような変形まで考慮しなければ、現実的な状況でアインシュタイン方程式が解けたとはいえず、オッペンハイマーたちの結論がそのままでは信じられなかったのです。この状況が一変したのが１９６０年代に数学者であるペンローズ（Sir Roger Penrose, 1931 - ）が登場してからでした。

ペンローズは、それまで物理学者が使ったことがない「トポロジー」という数学の道具をつかって重力崩壊現象に挑戦しました。そして、ペンローズはホーキングとともに「特異点定理」を証明しました。この定理は、いったん自分自身の重力で星が潰れ始めると、ある条件が満たされれば、星は必ず際限なく潰れ、中心部に、密度が無限に大きく、時空も無限に曲がるような状況（特異点）が出現することを示しています。「ある条件」が何かを説明すると面倒なことになるので、ここでは『チャンドラセカールの限界質量』（Ｐ・１８４参照）以上の質量をもつ星の重力崩壊では満たされる条件」とだけ言っておきましょう。この定理によって、重力崩壊が起こり、シュヴァルツシルトの考えた時空が現実の宇宙に存在する可能性を疑う人はほとんどいなくなりました。

さらに1963年には、回転している星が重力崩壊した時空を表すアインシュタイン方程式の解が、ニュージーランド出身の数学者カー（Roy Patrick Kerr, 1934 - ）によって発見されました。

これらの理論的研究ばかりでなく、60年代には銀河全体の10倍以上というそれまでの常識では考えられないほどの莫大なエネルギーを太陽系よりも小さな領域から放射する天体、クエーサーが発見され、また質量が太陽ほどもあるのに半径が10キロメートル程度しかない天体（中性子星）のように極端に重力が強い天体が宇宙に存在することが確かになったのです。また67年、アメリカの物理学者ジョン・ホイーラー（P・135参照）が際限なく重力崩壊が起こってできた天体を、「ブラックホール」と名付けました。落下速度は中心に近づけば近づくほど速くなり、中心からある半径のところで空間の落下速度が光速度になります。この半径が「シュヴァルツシルト半径」です。したがって、もしここから光を外向きに出しても、空間自体が内向きに光速度で落下しているので遠くから見ると、光がそこで止まっているように〝見えます〟。

いま、〝見えます〟と書きましたが、ものを見るにはそこから出た光を受け取る必要があるのですが、光を出さないブラックホールは、実際には真っ黒にしか見えません。ホイーラーがこの天体を「ブラックホール」と名付けたのはこの意味ででした。

いったんブラックホールの中に入ると、空間が光速度以上で落下しているので（どんな運動も光速度以下の速度でしか動けないので）外の世界に逃げ出すことはできません。したがってシュヴァルツシルト半径の表面は内側への一方通行の面です。

その後もミニブラックホールの研究など面白いブラックホール研究がありますが、シュヴァルツシルトとはあまり関係がないので別な機会に譲ることにしましょう。

シュヴァルツシルトは、当時の最先端で、しかも最高の研究をし、さらに研究を進めようとしていた矢先、亡くなりました。42歳という若さであったことを考えれば、本人としては心残りだったろうこと、察するに余りあります。しかし自分のやり残した研究の一部は息子のマーティン・シュヴァルツシルトに引き継がれました。文字通り自分の後継者です。

ドイツ天文学会は１９５９年、シュヴァルツシルトの業績をたたえ、カール・シュヴァルツシルト・メダルを創設して、年に一人、天文学に重要な寄与をした天文学者に与えることにしました。このメダルの第一回目の受賞者はカールの息子マーティンでした。さぞかしこの受賞を、天国の父カールも喜んだことでしょう。

参考資料

- Luke Mastin "*Karl Schwarzschild*"（Luke Mastin が運営するＷｅｂサイト、THE PHYSICS OF THE UNIVERSE に設けられた Important Scientists の項目）
  http://www.physicsoftheuniverse.com/scientists_schwarzschild.html
- Indranu Suhendro "*Biography of Karl Schwarzschild*"（一般相対性理論、重力、宇宙論に関する定期刊行物である The Abraham Zelmanov Jornal の記事）
  http://zelmanov.ptep-online.com/papers/zj-2008-b3.pdf

ジョルジュ・ルメートル

ビッグバン宇宙論で他人に功を譲った不運な宗教者

▲ルーヴェン・カトリック大学の物理学教授時代のジョルジュ・ルメートル（1933 年）／出典＝ Wikipedia パブリックドメイン（https://upload.wikimedia.org/wikipedia/commons/thumb/5/52/Lemaitre.jpg/800px-Lemaitre.jpg）

宇宙膨張の理論的な発見者アレクサンドル・フリードマン（Ｐ・１０５参照）は、宇宙論に関心のある読者の記憶には鮮明に残っている名前のはずです。

現在、空間はどこにも特別な場所がなく、またどの方向も全く同等であるという一様・等方膨張宇宙を表す時空を「フリードマン宇宙」、あるいは「フリードマン・ロバートソン・ウォーカー宇宙」、略して「ＦＲＷ宇宙」といいます。ハワード・ローバトソン（Howard P. Robertson, 1903 - 1961）とウォーカー

(Arthur Geoffrey Walker, 1909 - 2001) はアメリカ人で、一様・等方（＝どの方角をとっても性質が均一で、見定めがつかない）な空間の一般的な数学的な表現を与えた、つまり、そのような宇宙の数学的な表現法を考え出した人たちです。しかしヨーロッパでセミナーをすると、たまに「『FLRW宇宙』ではなく『FLRW宇宙』といいなさい」と指摘されることがあります。この「L」は、ジョルジュ・ルメートルのファミリーネームの頭文字なのです。ここでは、このジョルジュ・ルメートル (Georges-Henri Lemaître, 1894 - 1966) をとりあげることにしましょう。

■戦争の悲惨さに人生観を変える

ジョルジュ・ルメートルは１８９４年、ベルギーに生まれました。９歳のときにすでに僧侶になるか、科学者になるか悩んだといいますから早熟な子供だったのでしょう。イエズス会の高校を卒業した後、１９１１年、ルーヴェンのカトリック大学に入学しますが家庭の経済的な事情で科学の道をいったんあきらめ、土木工学を学びます。同時に大学付属の哲学高等研究所での哲学の講義も受けましたが、この講義は彼に自分が本来取るべき進路をはっきりさせたようです。

１９１３年に学士号をとり、鉱山技師として働き始めたルメートルは14年、第一次世界大戦時にドイツがベルギーを侵略すると、志願してベルギー軍に入隊します。ルメートルは勲章を受けるなどしているところをみると、軍事面での活躍もめざましかったようです。

この戦争では史上初めて、毒ガスによる大虐殺が行われ、その悲惨な状況を目のあたりにしたルメートルの心境は大きく変化しました。戦後、大学に戻ったルメートルは、本当に自分がやりたかった数学と物理学の研究へと大きく舵を切ります。そして20年、多変数関数の近似法の研究で博士となります。大学に残って研究を続ける誘いを断り、神学校へ入学、司祭への道を歩み始めたルメートルは、同時に一般相対性理論にも興味を抱いて、独力でマスターしていきました。

１９２３年、枢機卿から司祭に任命されますが、彼の才能と努力が認められ、同時に科学を探求する許可も得ることができました。そして同年、ベルギー政府の奨学金でケンブリッジ大学に滞在する機会に恵まれ、当時最高の天文学者エディントン（Ｐ・１６３参照）に師事しました。エディントンは星の専門家であるばかりか一般相対性理論にも深い関心をもっていて、ルメートルに大きな影響を与えました。

翌１９２４年にアメリカにわたったルメートルは、ハーバード・カレッジ天文台でシャプレーと共同研究し、マサチューセッツ工科大学の博士課程に籍を置きます。

■宇宙膨張発見の論文と天文学界の反応

翌１９２５年、ベルギーに戻ったルメートルは、母校のカトリック大学の非常勤講師となります。そして27年、シャプレーやハッブル（Ｐ・31参照）、ヒューメイソン（Ｐ・37～41参照）によっていくつかの銀河で観測されていた運動を、空間の膨張によって説明する論文を発表します。この論文のタイトルは、「銀河系外星雲の動径速度を説明する質量一定で半径が増加する一様宇宙」というもので、読む人が読めばこのタイトルだけで膨張宇宙を表していることは明らかです。そして論文の中で膨張速度を表す「ハッブル定数」の値を、625キロメートル／秒／メガパーセク（「銀河とわれわれの距離が1メガパーセク（＝100万パーセク：1パーセク＝約3・26光年）離れるごとに、銀河がわれわれから遠ざかる速度（＝後退速度）が秒速625キロメートルずつ増える」と読むことができる）と推定しています。

ちょっと計算してみると、ハッブル定数がこの値の場合、宇宙年齢は約10億年ということが分かります。現在の私たちは地球の年齢が約46億年ということを知っていて、10億年というのは短過ぎると思うかもしれませんが、当時は10億年でも十分長いと考えられました。しかしルメートルはこの論文を「ブリュッセル科学会年報」という、ベルギー以外ではほとんど読まれないフランス語の雑誌で発表しました。その結果、当然ながらこの論文は一部の研究者以外の目に触れることはありませんでした。

さらに同じ1927年、当時生まれたばかりの量子力学を主題として開催された有名なソルベー会議(テーマ名「電子と光子」。この会議は1911年から3年ごとにブリュッセルで開かれる)があり、そこでルメートルは、アインシュタインから膨張宇宙という考えはすでに22年にフリードマンによって提唱されていることを聞かされ、

「計算は正しいかもしれないが、あなたの物理の捉え方は不快だ」

とまで言われるしまつでした。

傷心したルメートルはいったんマサチューセッツ工科大学に戻って一般相対論に関する別のテーマで

博士号を取得し、ベルギーに戻ったのちカトリック大学の正教授の職に就きました。そして1929年、ハッブルがいわゆるハッブルの法則の論文を発表したのを目にすることになります（このときのハッブル定数の推定値は500キロメートル／秒／メガパーセクでした。現在では約67・3キロメートル／秒／メガパーセクと推定されています）。

■エディントンによるルメートル再評価

宇宙膨張の発見は天文学界のみならず世間でも大きな反響を呼び、ハッブルは時の人となりました。そんな状況の中、ルメートルは27年の論文のコピーをエディントンに送ります。すぐにこの論文の重要性に気付いたエディントンは、イギリスの雑誌の「王立天文学会月報」に論文を掲載する手続きをとり、ルメートルに論文の英訳をするよう告げます。そして31年、上記の論文誌に発表します。

ところが、その英訳には一般相対性理論のアインシュタイン方程式に宇宙定数があると膨張する解があること、そして観測されている銀河の運動は宇宙の膨張であることが書かれていますが、いわゆる「ハッブル定数」の部分が削られていたのでした。このことが判明したのは1984年になってからのことで、ルメートルが亡くなってすでに20年近くもたっていました。

なぜルメートルがその個所を英訳しなかったのか？　この問題は、様ざまな憶測を呼びました。後日、この謎の件の答えは、ルメートルが論文誌編集者に送った手紙の中にに見つかりました。それによると、すでにハッブル定数として知られているものを今更、自分の方が先だと主張するわけにもいかなかったということのようです。現在はもちろんですが、当時としても、ルメートルは名声や栄誉には至って無頓着な、珍しい品性のもち主だったのです。

■ルメートル流〝ビッグバン理論〟の披歴

このルメートル論文にはエディントンの長い解説も付いていました。その影響もあってか論文はかなり話題になり、ルメートルは１９３１年、ロンドンで開かれたイギリス科学会の「物理的宇宙と精神論」という会議に招待されることになりました。そしてここでルメートルは、宇宙が「原始の原子」、あるいはルメートル自身の言葉を借りれば「宇宙卵」という特異な超高密度状態が爆発して、それ以降、宇宙は膨張を続けているという、のちに言う「ビッグバン理論」を初めて提唱します。

ルメートルは、そのような状態で生まれた宇宙には、最初の爆発の名残があるはずだと考え、それを宇宙線だとしました。宇宙線というのは宇宙からやってくる電荷をもった高エネルギーの粒子ですが、そのほとんどは水素の原子核（陽子）です。現在、この考えは間違っていて宇宙線は銀河系の中で超新星爆発などの高エネルギー現象で加速された粒子だと考えられています。

ビッグバン理論の提唱者といえばジョージ・ガモフ（P・112参照）ということになっていますが、ほとんど同じ考えを10年以上も前にルメートルが提唱していたわけです。しかしルメートルの考えは猛烈な批判にさらされました。その理由の一つは、ルメートルが聖職者であるということでした。たとえばアインシュタインは、この理論はキリスト教の天地創造の物語で物理理論としては受け入れられないといっています。

実際、当時の科学的常識の中で宇宙の始まりをもち出すことに抵抗がなかったのは、キリスト教に対する深い信仰が無意識に働いていたのでしょう。しかしアインシュタインは、1933年ころにはルメートルの理論を受け入れるようになっていました。そしてルメートルの世間的な名声もこのころから本人の意思とは無関係に上がっていきました。列挙しましょう。

1934年　フランキ賞（ベルギー科学界の最高の賞）を受賞
1936年　ローマ教皇庁科学アカデミー会員
1941年　ベルギー王立科学芸術院アカデミー会員となる
1953年　エディントンメダル（イギリス王立天文学会がエディントンの業績を称えて創設）の最初の受賞者となる
1960年　ローマ教皇庁の司祭に任命される

ただしこの間、ルメートル個人の生活が順調だったわけではありません。1939年、ヒットラー率いるドイツがポーランドに侵攻して第二次世界大戦が勃発し、翌年にはデンマーク、ノルウェー、オランダ、ベルギーへと侵攻します。ルメートルは家族とともにフランスに逃れようとしますが、その直前に住んでいたアパートがドイツ戦車隊の砲撃を受け、大けがを負ってしまったのです。

戦後、ルメートルにようやく余暇を楽しむ時間的余裕が訪れました。趣味のピアノ、写真、旅行に親しむ傍らベルギーとイタリアの文化交流大使として、イタリア各地を訪れる機会も得ました。甥や姪と過ごすことを無上の楽しみとし、大学でも学生との交流を楽しみましたが、研究は一人ですることを好みました。1950年代後半から、ルメートルは数値計算に興味をもち、コンピューターやプログラム言語などに研究の大半を費やしました。そして64年、定年で職を辞します。

定年後、心臓病でルーヴェンの病院に入院しますが、そこでビッグバン理論の証拠である宇宙マイクロ波背景放射が発見されたというニュースを受け取ります。自分が想像した宇宙の始まりが本当だったと知ったときに、ルメートルはどんなことを思ったでしょう？　こうして、自分の理論の正しさを確認することができたルメートルは1966年6月、世を去りました。

◤ルメートルの膨張宇宙とビッグバン理論◢

上で述べたようにルメートルは、宇宙膨張を発見し、ビッグバン理論を提唱したといってもほとんど間違いではないでしょう。にもかかわらずルメートルの名前は、ハッブル、ガモフたちの陰に追いやられているように見えます。その理由は、彼が名声に無関心であったこと、そしてアインシュタインが最初に思ったように聖職者であったことによる誤解にあるのかもしれません。そのほかに彼の理論が宇宙定数を基礎にしていたということも理由としてあげられるでしょう。

宇宙定数というのは、前にも示した通り、アインシュタインが一般相対論を宇宙全体に適用したとき、宇宙が潰れないようにするために重力に対抗する反発力として導入したものです。しかし、フリードマンが指摘したように、宇宙膨張は宇宙定数がなくても可能です。そのためアインシュタインは、宇宙定数を自分の方程式の中にもち込んだことを非常に後悔して「人生最大の失敗」とまで言っていました。ルメートルの１９２７年の論文にせよ、31年の「ビッグバン理論」の提唱にしても、理論的な裏付けは、宇宙定数の存在でした。そして宇宙定数はアインシュタインの影響もあってか、長い間〝邪魔者〟扱いされてきたのです。この〝邪魔者〟を使ったことが、ルメートルの名前がハッブルやガモフほど注目されなくなった原因なのかもしれません。

しかし21世紀に入る直前、遠方の超新星の観測から、現在の宇宙は今から数十億年前から加速膨張しているということが確からしくなってきました。そしてこの膨張を加速する原因として宇宙定数の存在が再び脚光を浴びるようになりました。現在では、加速膨張を引き起こすエネルギーの総称を「暗黒エネルギー」といい宇宙定数はその一つに過ぎないと考えられています。しかし現在の観測では、それが宇宙定数以外のものである証拠は何もありません。天国で最後に笑うのはルメートルかもしれません。

参考資料

・Luke Mastin "*Georges Lemaitre,*" (Luke Mastin が運営のＷｅｂサイト、THE PHYSICS OF THE UNIVERSE の Important Scientists の項目)
http://www.physicsoftheuniverse.com/scientists_lemaitre.html

・Joseph R. Laracy "*The Faith and Reason of Father George Lemaitre,*" (Catholic Culture.org 運営のＷｅｂサイトの Library 中 Resources の項目で、初出は２００９年２月、Ignatius Press 発行の© Homiletic & Pastoral Review)
https://www.catholicculture.org/culture/library/view.cfm?recnum=8847

アレクサンドル・フリードマン

宇宙論研究の基礎——フリードマン宇宙モデル

▲ロシアの数学者で物理学者のアレクサンドル・フリードマン／出典＝Wikipedia パブリックドメイン（https://upload.wikimedia.org/wikipedia/commons/6/62/Aleksandr_Fridman.png）

宇宙論を勉強するとかならず最初のほうに出てくる人名があります。読者はご存知ですか？　私たちの宇宙を記述する数学的なモデルを、フリードマン宇宙、あるはフリードマン・ロバートソン・ウォーカー宇宙といいますが、このフリードマンこそがその名前です。37歳という若さで夭逝したためもあって宇宙論以外の分野ではあまり知られていませんが、数学、気象学、物理学という広い分野で才能を発揮した、まれに見る人物です。長生きしていればもっと科学の歴史に名を残したことでしょう。ここでは、旧ロシア人研究者、アレクサンドル・フリードマン（Alexander Alexandrovich Friedmann, 1888 - 1925）をとりあげてみましょう。

アレクサンドル・フリードマンは１８８８年、旧ロシア帝国のサンクトペテルブルグ（１９１４～24年の間はペトログラード、24～91年にはレニングラード）でバレーダンサーの父とピアニストの母の間に生まれました。９歳のときに両親は離婚し、フリードマンは父親に引き取られました。同じ年、フリードマンは、わが国の中高一貫校に当たるギムナジウムに入学し、すぐにその才能が開花します。ギムナジウム在学中の17歳のときフリードマンは、後に数学者となる友人と二人で、数学ではよく知られるベルヌーイ数と呼ばれる数に関する論文を書き、翌年、数学の雑誌に掲載されたのでした。

フリードマンは勉強ばかりか、今で言う学生運動にも熱中し、時の政府の学校に対する弾圧的な処置に対抗するストライキを扇動したりしました。翌年、サンクトペテルブルグ大学に入学し、数学を専攻します。当時、この大学には後にアインシュタインの親友となり、また統計力学、量子力学の研究で有名になるポール・エーレンフェスト（Paul Ehrenfest, 1880 - 1933）が移ってきたばかりで、特殊相対性理論、前期量子論、統計力学といった当時最先端の物理のセミナーをおこなっていました。もちろんフリードマンはそのセミナーに参加します。またフリードマンは、気体力学に興味をもち、修士論文ではこの分野に関する研究も手がけます。

気体力学の研究にたずさわったこともあってフリードマンは大学卒業後、サンクトペテルブルグ郊外にあるパブロフ高層気象観測所に職を得ます。そこで気象現象に関心を抱き、気象学の研究を始めます。

しかし時代は、のんびりと研究していられる環境にはありませんでした。１９１４年６月、当時のオーストリア・ハンガリー帝国の皇太子がサラエボでセルビア人青年によって暗殺されるという、いわゆるサラエボ事件が起こり、第一次世界大戦が勃発します。ロシアはセルビアを支持して参戦し、フリードマンは航空兵に志願して爆撃手を務めたり、後には航空隊指揮官として爆弾の落下運動に関する計算をしたり、パイロットに気体力学の講義をしたりしました。

１９１７年、キエフの気体力学センターの所長に任命されたフリードマンは、センターの移転に伴ってモスクワに移ります。しかし、同年10月、ロシア革命（10月革命）が起こり、レーニンによって帝政ロシアが打倒され、ソビエト連邦が成立しました。この政変にともない、気体力学センターは解体の憂き目に遭います。そのとばっちりを受けたフリードマンは18年、ウラル山脈の西側にあるペルミの大学に数学物理学部の教授として赴任します。

当時、ロシアには共産党の赤軍と皇帝側の白軍による内戦が起こっていて、フリードマンは追われるようにペトログラードに戻り、気象観測所に職を得ます。１９２０年のことです。同じ年、ペトログラード工科学校（今のサンクトペテルブルグ国立工科大学）の数学物理学部で教授となり、22年になってようやく、９年前に書き上げていた修士論文を提出することができました。修士論文のテーマは、圧縮性流体に関するものでしたが、ペトログラードに戻るやアインシュタインの一般相対性理論に関心を移し、独学で研究を始めるのでした。そして22年、フリードマンは一様・等方性（空間にはどこにも特別の場所がなく、また特別な方向もない、いわゆる〝ノッペラボー〟状態）を仮定してアインシュタイン方程式を解き、「宇宙は膨張あるいは収縮しなければならない」という結論に到達、論文を書き上げます。アインシュタインは当初、フリードマンの「アインシュタイン方程式の解として、膨張したり収縮する宇宙がある」という結果に疑問を抱いていましたが、のちにその正しさを認めることになります。

フリードマンは、一般相対論を研究するかたわら気象の研究も続けており、1925年6月、レニングラードの中央地球物理観測所の所長となり、7月には気象観測のためのバルーンを当時最高高度である7400メートルまで揚げたりしました。しかし同年8月、フリードマンを腸チフスによる高熱が襲います。すぐに入院しましたが2週間後の9月16日、37歳の若さで世を去りました。

■アインシュタインの宇宙とフリードマンの宇宙

宇宙膨張は1929年、多くの銀河の運動を調べることでハッブル（P・31参照）とヒューメイソン（P・37〜41参照）によって発見されました。このような発見の前に、宇宙膨張を予言するということは並大抵のことではありません。なにしろ、アインシュタインでさえ宇宙膨張を予言することができませんでしたから……。つまり一般相対論を完成させた1915年の直後からアインシュタインは、この理論を宇宙全体に適用しようとしました。そしてほどなく、宇宙が膨張するか、あるいは潰(つぶ)れてしまうかすることを見つけました。この結果をそのまま信じれば、アインシュタインは宇宙膨張を予言できたでしょう。しかしそうはしませんでした。一般相対論は時間と空間を扱う理論です。したがって宇宙とは時間と空間そのものなのです。そこでは、こんな疑問が、……

「もし宇宙に始まりがあれば、それは時間の始まりということです。ではその前は何でしょう？」
「もし宇宙に終わりがあれば、それは時間の終わりということです。ではその後は何なのでしょう？」

こういった疑問を避けるには、宇宙が無限の過去から無限の未来まで永遠に変わらないと考えるしかありません。そう考えてアインシュタインは一般相対論を少し変更して重力に拮抗する反発力を導入し、不変の宇宙をつくりました。でき上がった宇宙モデルを、「アインシュタインの宇宙」といいます。

これに対してフリードマンは、
「宇宙は変化しても構わない」
と考えて、アインシュタイン方程式を解いたのです。その結果、宇宙は膨張したり収縮したりすることを見つけたのです。この宇宙の大きさの時間変化を決める方程式を「フリードマン方程式」、フリードマン方程式を解いて表される膨張宇宙を「フリードマン宇宙」と呼んでいます。

ちなみに、アインシュタインはもう一つの失敗を犯しています。ブラックホールの存在を予言しそこなったことです。１９３０年代、チャンドラセカール（Ｐ・１８４参照）が白色矮星の限界質量を発見し、限界質量より重たい星が潰れたらどうなるのかという問題がありました。

そのときアインシュタインは、多数の星がお互いの重力で引き合って集団を作っている天体がだんだん潰れていく状況を考えました。このとき天体が潰れて小さくなると星々がより速く運動することを示し、ある程度以上潰れると星の速度が光の速さを超えてしまうので、天体はそれ以上潰れないという結論を出したのです。しかし、ブラックホールができる状況下では天体が急激に潰れるため、アインシュタインの想定が当てはまりません。もう少し一般的な状況を考えれば、アインシュタインはブラックホールを予言できたでしょう。

1922年、フリードマンの論文を受け取ったアインシュタインは、当然ながら反論の論文を投稿して「定常でない宇宙に関する結果は疑わしい。実際にはこの解は場の方程式を満たさないことになるだろう」と書いています。これに対してフリードマンは、アインシュタインに計算の詳細を示して間違いがあるかどうか確認してほしいという手紙を書きます。これは22年12月のことですが、この手紙がベルリンに着いたころアインシュタインは日本へ向かう船の上で、結局、手紙の計算を確認したのは翌年の5月のことでした。すぐさまアインシュタインは自身の計算の誤りを認め、フリードマンの結果が正しいという手紙を雑誌に送りました。さらに24年のフリードマンの論文では、一様・等方宇宙には、

「閉じた宇宙」
「平坦な宇宙」
「開いた宇宙」

の三種類の膨張宇宙が存在することについて述べています。一般相対論では時空の幾何学を、2点間の距離を一般化したメトリック（計量）と呼ばれる量で表します。現在、これら三種類の宇宙を表すメ

トリックは「ロバートソン・ウォーカー・メトリック」と呼ばれますが、フリードマンはそれよりも10年ほど前に、同じメトリックを示していたのです。

当然というべきか偶然というべきか、ビッグバンの提唱者ジョージ・ガモフ（P・112参照）は1923年にレニングラード大学に入学してフリードマンの指導を受けます。フリードマンから強い影響を受けたガモフは、博士論文のテーマとして、フリードマンの下で宇宙論を志しますが、フリードマンの死によって分野を変えざるを得なくなりました。

しかしフリードマンの薫陶はガモフの血肉となって残っていたのでしょう、それから20年後、ガモフは宇宙論に立ち戻りビッグバン理論を提唱することになりました。フリードマンの意思は、ガモフに受け継がれたのです。

参考資料

- Luke Mastin "*Alexander Friedmann*",（Luke Mastin が運営するＷｅｂサイト、THE PHYSICS OF THE UNIVERSE に設けられた Important Scientists の一項目）
  http://www.physicsoftheuniverse.com/scientists_friedmann.html
- J. J. O'Connor and E. F. Robertson "*Aleksandr Aleksandrovich Friedmann*"（セントアンドルーズ大学 数学・統計学校が運営するＷｅｂサイト、MacTutor History の一項目）
  http://www-groups.dcs.st-and.ac.uk/history/Biographies/Friedmann.html

ジョージ・ガモフ
多才、多能、ユーモアのひと・ビッグバン宇宙発見者

▲ビッグバン宇宙の提唱者、ジョージ・ガモフ／絵＝ヤマドリチヒロ［http://astro-era.narod.ru/astronomy/people/gamov.htmll を参考］

一般には、ビッグバンの生みの親といえばロシア生まれでアメリカの物理学者、ジョージ・ガモフ（George Gamow, 1904 - 68）が通り相場になっています。それはアレクサンドル・フリードマン（Ｐ・１０５参照）やジョルジュ・ルメートル（Ｐ・96参照）がアインシュタインの一般相対性理論を用いて宇宙膨張を数学的に導き出したのに対して、ガモフは数学にとどまらず膨張宇宙初期の物理現象、言い換えれば、宇宙の初めにどんな現象が起こったのか、を考えたからです。

旧ソビエト連邦のエリート物理学者だったガモフは何度もの失敗の末、アメリカに亡命した自由人です。ユーモアがあり、気さくで、研究だけにとどまらず一般向けの啓蒙書も数多く書きました。今回はこのガモフを取りあげましょう。

■科学の疾風怒濤の時代を迎えて

ジョージ・ガモフは１９０４年３月４日、旧ロシア帝国のオデッサ（今はウクライナ領）で生まれました。子供時代から天文学に興味をもち、13歳の誕生日に父からプレゼントされた小さな望遠鏡で、晴れた夜にはいつも星を眺めていました。科学者への夢は、そのころ芽生えたようです。

１９２２年にオデッサの大学に入ったガモフは、23年にレニングラード大学に移りました。当時のレニングラードにはフリードマンがいて、「相対性理論の数学的基礎」という講義をしていました。この講義でガモフは初めて「宇宙の膨張」という考えを知り、フリードマンについて宇宙論の研究を始めます。ところが、25年にフリードマンが他界し、指導教官を変えざるを得なくなりました。ただ、新しくついた指導教官から与えられた課題は、「有限振幅（振り幅が大きいという意味）の振子」という、宇宙論とは直接関係のないテーマでした。この問題自体は非線形振動と呼ばれる物理数学の面白い問題ですが、ガモフには全く興味がもてませんでした。宇宙論と関係がないということもありましたが、真の理由は、当時の時代背景にありました。当時は、

１９２５年　W・ハイゼンベルクによる行列力学の提唱

１９２６年　Ｅ・シュレーディンガーによる波動力学の提唱
　同年　Ｐ・Ａ・Ｍ・ディラックの変換理論による行列力学と波動力学の同等性の証明
１９２７年　Ｗ・ハイゼンベルクによる不確定性原理の提唱

といったように猛烈な勢いで量子力学が完成されていった時期だったのです。

ガモフは宇宙論に興味を抱いていましたが、それと同時に、当然のように、この新しい物理学に惹かれたのです。しかもガモフは、とても幸運なことにレニングラード大学でレフ・Ｄ・ランダウ（Lev Davidovich Landau, 1908 - 68）、Ｄ・Ｄ・イヴァネンコ（Dmitri Dmitrievich Ivanenko, 1904 - 94）、マトベイ・ブロンスタイン（Matvei Petrovich Bronstein, 1906 - 38）など、のちに物理学で名を上げることになる友人たちと出会うことができた上、彼らと量子力学の論文を読み漁る機会にも恵まれたのです。

ちなみにこれら友人のうちランダウは、液体ヘリウムや反磁性の研究、中性子星の予言など様ざまな分野で業績を上げ、ノーベル賞の栄誉にも浴することになった、偉大な物理学者でした。

イヴァネンコは、量子力学、原子核物理学の発展に大きな寄与をしています。ハイゼンベルクと同時期に原子核が陽子と中性子からできていることを提唱したことでも有名です。ただブロンスタインは、量子重力理論の先駆的な研究をおこない、才能ではほかの二人と同等、あるいはそれ以上であったかもしれませんが、１９３８年、スターリンの大粛清によって処刑されてしまい、才能を全面的に開花させられないまま、不帰の人となりました。

ガモフは、このような天才、秀才との交流のあい間に指導教官から与えられたテーマをこなし、博士号を取得しました。

■ヨーロッパ留学

やがて、ガモフに幸運が訪れます。１９２８年の夏、マックス・ボルン（Max Born, 1882 - 1970）のいたゲッチンゲン大学に留学を許されたのです。ゲッチンゲン大学は当時、量子力学のメッカの一つに数えられる名門大学でした（大学の歴史をひもとけば分かる通り、18世紀に設立されたこの大学は、以来、あらゆる分野でノーベル賞級の研究者をきら星のように輩出していました）。そこでガモフは大いに刺激を受け、当時まだなぞの多かった原子核へと研究の方向を定めました。

原子核がα線、β線、γ線という３種類の放射線を出すことはすでに知られていました。それらの素性（すじょう）は、それぞれ、正の電荷をもったヘリウム原子核、負の電荷をもつ電子、電荷をもたない（つまり電気的に中性の）γ線（高いエネルギーをもった電磁波）です。しかし当時は、その発生のメカニズムはよく分かっていませんでした。ガモフはα線に着目し、その由来を探る研究に没頭しました。原子核が陽子と中性子からできているという構造が分かったのは１９３２年のことですが、それ以前には原子核は正の電荷をおびているので正の電荷をもった陽子同士が何か強い力で結びついているのだろうと思われていました。そしてそれが分裂することは考えられなかったのです。

この謎にガモフは量子力学を適用してみました。量子力学では、トンネル効果という現象があります。箱の中に粒子を閉じ込めておいても、その粒子が電子や陽子というミクロの粒子の場合、非常に小さな確率ながら、あたかも電子がトンネルを通り抜けてくるように、壁を通して箱から出てくることがあります。それが「トンネル効果」です。ガモフはこのトンネル効果によってα粒子（ヘリウム原子核）が原子核から出てこられることを示したのです。

この研究で、ガモフは一躍有名になりました。そしてニールス・ボーア（Niels Henrik David Bohr, 1885 - 1962）が自ら開設したコペンハーゲンの理論物理学研究所（通称、ニールス・ボーア研究所）に移り、原子核を雨粒のような液体として扱うモデルを提唱します。これは原子核の「液滴モデル」と呼ばれ、原子核の分裂、融合を扱う基礎的な理論になりました。

その間、ケンブリッジのキャベンディッシュ研究所でもアーネスト・ラザフォード（Ernest Rutherford, 1st Baron Rutherford of Nelson, OM, FRS, 1871 - 1937）と研究を行います。ガモフが身近で研究をおこなったボルン、ボーア、ラザフォードの三人は、いずれも量子力学の生みの親でした。そしてガモフは、この研究の成果を引っさげて31年にソビエト連邦に帰国し、国民的なヒーローとして扱われます。そして28歳という若さでソビエト連邦の科学アカデミー会員に選出されました。

■旧ソ連脱出

しかし、西欧の自由な空気を吸ったガモフには、スターリンが独裁政治体制をひきつつあった当時のソビエト連邦の雰囲気が息苦しく、耐えられませんでした。もともとマルクス主義が性に合わなかったガモフは、何度か亡命を企てます。あるときは妻と一緒にカヤックを漕いで黒海を横断しトルコに渡ろうとしたり、あるときはスキーで北極を超えノルウェーを目指そうとしたりしましたが、すべて失敗に終わりました。ガモフの身の上を案じていた西欧の物理学者たちは、何度となくガモフを国際学会に招待しましたが、政府は亡命を恐れて出国を許しませんでした。しかしついに１９３３年、スターリンは科学における自国の優位を示そうと、ガモフを当時最も権威のあったブリュッセルでのソルベイ会議に派遣することにしたのです。ガモフは妻と一緒に出国し、パリのキュリー研究所やロンドン大学の訪問などを口実に滞在を延長し、34年にはアメリカに移ってソ連には二度と戻ることがありませんでした。

１９３４年、ミシガン大学に滞在した後、ガモフはジョージ・ワシントン大学教授となりました。ガモフは後にアメリカの水爆開発の中心人物となるエドワード・テラー（Edward Teller, 1908 - 2003）をロンドン大学から招き、原子核のβ崩壊の研究で大きな成果を上げます。

１９４０年、ガモフは国籍をアメリカに変えます。第二次大戦中の原爆開発には直接タッチしませんでしたが、アメリカ海軍の顧問を務めました。

研究面では、ガモフの興味は徐々に天体物理学に移り、星の中心部での核反応や、巨星、超新星、中性子星などの研究を行います。この間、研究ばかりでなく一般向けの啓蒙書（日本語訳『不思議の国のトムキンス』）のシリーズを書き始めています。

■元素の起源を求めて「アルファ・ベータ・ガンマ理論」＝ビッグバン宇宙理論へ

そして１９４８年、宇宙初期における核反応について画期的な研究を行いました。現在の宇宙には

１００を超える元素が存在しますが、その起源を宇宙の初期に求めたのです。

宇宙膨張を受け入れるとすれば宇宙初期は極端な高温、高密度状態のはずです。そのような状況は星の中心部と同じです。そして星の中心部では陽子同士が融合反応を起こしてヘリウム原子核ができ、さらにヘリウム原子核同士が融合して炭素や酸素、窒素原子核が作られます。このようにして核融合反応が続けばどんどん複雑な原子核が作られるはずだと考えたのです。そのためにはまず宇宙の初めには中性子だけからできた物質が存在したと考えました。そして、ガモフはそれを「イーレム」（古典ヘブライ語の「原初物質」）と名付けました。中性子は自然に陽子に変わります。そして陽子や中性子がお互いに激しく衝突することで融合反応が進み、宇宙のごく初期に宇宙に存在するすべての元素ができたという壮大な理論を提唱したのです。この論文をラルフ・アルファ（Ralph Asher Alpher, 1921 - 2007）、ハンス・ベーテ（Hans Albrecht Bethe, 1906 - 2005）との共著で発表し、「αβγ理論」と名付けました。ベーテは、のちにノーベル賞をとる原子核物理の専門家ですが、実際にはベーテはこの研究には参加していなかったと語っています。しかしベーテの名前が入れば、アルファ・ベータ・ガンマと語呂がよくなる、ということでガモフがベーテの名を共著者として入れたのです。

ガモフの「アルファ・ベータ・ガンマ理論」のアイデアの秀逸さにもかかわらず、実際には宇宙の初めにすべての元素をつくることはできません。星の中では超高温、超高密度状態は長い間続きますが、宇宙は膨張しているため温度や密度がどんどん下がっていき、ヘリウム原子核などごく軽い元素を作った段階で核融合反応が終わってしまうのです。

さらに、ガモフは宇宙の初めには中性子だけがあると考えましたが、これも違っていました。宇宙の初めは非常に高温のため、中性子と陽子はたえず入れ替わってほぼ同じ数だけ存在したと考えられるのです。このことは1950年に日本の物理学者、林忠四郎によって指摘されました。このため宇宙初期での元素合成理論を、「アルファ・ベータ・ガンマ・林理論」ということもあります。

いくつかの間違いがあるものの宇宙の初期は核融合反応が起こるほど超高温、超高密度だったというガモフのアイデアは当時としては画期的でした。ガモフはこれを「火の玉宇宙論」（ビッグバン宇宙論の別名）と名付けました。もっと正確に言えば、ガモフの論敵だった「定常宇宙理論」のフレッド・ホイルがラジオ放送でガモフの理論を揶揄してこう呼んだのを、ユーモア好きのガモフがちゃっかりいただいたものでした（詳しくは、p．127を参照）。さらにガモフはアルファらと、超高温、超高密度状態の名残は極低温の放射として現在の宇宙にも存在することを予言しました。この温度の予言はその後少し変更され、1964年に「宇宙マイクロ波背景放射」として発見されたことで、ビッグバン宇宙論の正しさが検証されることになりました。

ガモフは知的好奇心の塊（かたまり）でした。原子核関係の研究の他にも太陽系の起源の問題、銀河系の形成の問題などで先駆的な研究をしています。さらにその興味の対象は物理学だけにとどまりません。たとえば1953年、ワトソンとクリックによるDNAの構造の発見に刺激を受けたガモフは、このDNAが実際に遺伝情報をもっていることを示す第一歩となる提案をおこなったのです。54年、ガモフはジョージ・ワシントン大学を離れカリフォルニア大学のバークレイ校に職を得ました。ここに2年ほど滞在した後、56年、コロラド大学に移り啓蒙書や教科書の執筆、そして高校生に対する物理の教育に精力を注ぎました。同年、ユネスコからカリンガ賞という科学の社会への啓蒙活動に対して与えられる賞を受賞したりもしています。

１９６８年の夏、フリードマンの意思を引き継ぎ現代の宇宙論の基礎をきずいたガモフは、肝臓疾患のため波乱に満ちた64年の生涯を閉じました。

参考資料

・Luke Mastin "*George Gamow*"（Luke Mastin が運営するＷｅｂサイト、THE PHYSICS OF THE UNIVERSE に設けられた Important Scientists の一項目）
http://www.physicsoftheuniverse.com/scientists_gamow.html
・Karl Hufbauer "*George Gamow, A Biographical Memory*"（２００９年、米国科学アカデミー刊行のガモフの伝記をＷｅｂサイトに転載したもの）
http://www.nasonline.org/publications/biographical-memoirs/memoir-pdfs/gamow-george.pdf#search=%27George+Gamow%27

フレッド・ホイル

〝宇宙の始まり〟に抗し続けた気骨の研究者

▲定常宇宙論の提唱者、フレッド・ホイル／絵＝ヤマドリチヒロ［en.Wikimedia コモンズ（https://en.wikipedia.org/wiki/Fred_Hoyle#/media/File:Fred_Hoyle.jpg）の写真を参考］

今でこそ、宇宙が約１３８億年前に超高温、超高密度状態から始まったというビッグバン宇宙論を疑う研究者はいません（いてもごく僅かです）が、ビッグバン理論が提唱されたころは、宇宙にははじめも終わりもないという「定常宇宙論」が広く受け入れられていました。定常宇宙論を提唱し、また星の中の元素合成理論を初めて提唱して天文学に重要な貢献をした人でもあるにもかかわらず、ノーベル賞委員会からは正当に評価されなかった理論物理学者、フレッド・ホイル。ここではそのフレッド・ホイル（Sir Fred Hoyle, 1915 - 2001）を紹介します。

■将来の研究のタネとの出会い

フレッド・ホイルは第一次世界大戦中の１９１５年、イギリスのウェスト・ヨークシャー州ブラッドフォードで、羊毛の商いで生計を立てる一家に生まれました。母親は、ロンドンの王立音楽学校を出たピアニストでした。父親の商売が思わしくなく、引っ越をしたりしていましたが、ホイルはそのつど学校を転々とします。そのせいもあってホイルはさぼり癖がつき、不登校状態が長く続いて、その間は母親がホイルの教師代わりになり、読み書きや算数を教えたといわれています。

その後ホイルは、化学や天文学に興味をもつようになり、自学自習によってどんどん学力を上げていきました。１９２６年、奨学金を得て日本の大学予備校にあたるグラマースクールに入学したホイルは、何度か奨学金試験に失敗したのち、33年にケンブリッジ大学のエマニュエル校に入学して科学コースを歩み始めます。ホイルは数学は苦手でしたが大変な努力でこれを克服し、数学の最終試験では上位10位以内に食い込む成績を収めるほどでした。その際ホイルは、応用数学の最優秀学生の賞をもらい、大学院に進んでいます。

大学院でのホイルは、キャベンディッシュ研究所で研究実習をおこなったり、P・A・M・ディラックの指導を受けたりしました。また、１９３９年には原子核のベータ崩壊（中性子が陽子に変わることによって原子核の種類が変わる現象）の実験によりセント・ジョージ校で奨学金を与えられ、同じ年に結婚します。このころからだんだんと興味が天文学へと移っていきました。

第二次世界大戦中、ホイルはポーツマス近郊の軍事研究所でレーダーの研究に従事します。同じ研究所に相対論研究者のヘルマン・ボンディ（Sir Hermann Bondi, 1919 - 2005）と天体物理学者のトーマス・ゴールド（Thomas Gold, 1920 - 2004）がいて、三人はレーダー研究の合間に、よく、天文学について議論していたそうです。この三人はのちに連名で「定常宇宙論」を提唱することになります。またホイルは１９４４年、レーダー研究で二度ほど北アメリカを訪れる機会があり、そのときにカリフォルニア工科大学やパロマー山天文台、カナダなどで超新星関連の天文学者と会ったり、原子爆弾製造のマンハッタン計画や、プルトニウムの爆縮や爆発についてよく知るようになり、これらの経験がのちに、星の中での元素合成の研究をする上で大いに役に立つことになりました。

戦後、ケンブリッジ大学に数学の講師として戻り、１９４５年、内部で対流が起こっているときの星の構造を調べた論文、翌年には、星中心部で水素の核融合反応から始まる一連の核反応で多種多様な元素が作られるという論文を書き、また48年には、戦時中にボンディ、ゴールドと議論した「定常宇宙論」を連名で提唱するなど、天文学や宇宙論についての多産な研究の時を過ごすことになります。

ホイルの代表的な研究である星の中での元素合成と定常宇宙論について少し詳しく説明しましょう。

星の中で水素原子核（陽子）が４個融合して最終的にヘリウム原子核をつくる反応が星のエネルギー源であることは、１９３０年代にハンス・ベーテ（P・２２４参照）などによって明らかにされていましたが、その後の核反応によって一連の重たい炭素や酸素、窒素、鉄などの元素が生成されるという

フレッド・ホイル

シナリオを描くことに成功したのが、ホイルの研究でした。

それ以前は、ヘリウム原子核よりも重い炭素などの原子核は、星の内部ではつくられないと思われていました。重たい（陽子や中性子の数が多い）原子核はより軽い原子核が融合してできますが、ヘリウムの次に重たくて安定な原子核が存在しないため、その原子核を一足飛びに飛ばしてさらに重たい原子核をつくらなければなりません。たとえば炭素の原子核は陽子が６個、中性子が６個からできていますが、陽子やヘリウム原子核（陽子２個、中性子２個）などの二つの原子核の融合を何回か続けていくことでは途中に安定な原子核が存在しないためできないのです。では三つのヘリウム原子核を融合したらと思うかもしれませんが、それはできないと思われていました。それは次の理由によります。

■〝人間〟が存在することが、この宇宙の性質を決めている＝人間原理の提唱

一般に原子核同士の衝突では、最終的に融合してできる原子核のもつエネルギーよりも高いエネルギー状態で衝突が起こります。個々の原子核はそれぞれに特有の、いくつかのとびとびのエネルギー準位をもっていて、通常はその中の一番低いエネルギー状態（＝基底状態）にあります。より高いエネルギー状態（＝励起状態）で存在することもできますが、高いエネルギーほど、その状態に存在していられる時間は短くなります。衝突したときのエネルギーの和がちょうど最終的にできる原子核の励起状態のエネルギーに等しい場合だけ実際に合体が起こり（＝「共鳴状態が生まれる」という）、引き続きガンマ線を放出して基底状態になって新しい安定な原子核となります。三つのヘリウム原子核の衝突の場

合、衝突したときのエネルギーの和の値をもつような炭素原子核の励起状態は存在しない、と思われていたのです。

　ホイルは宇宙には炭素がたくさんあるので、それらの炭素原子核ができる過程は、ヘリウム原子核の融合反応であるべきだと考え、そのためには炭素の原子核がある特定のエネルギーの励起状態をもっていていいはずだ、と予言したのです。このような考えを「人間原理」と呼びます。いろいろな表現の仕方がありますが、ここでは『人間』（有機物でできた生命体）が存在することが、原子核の性質を決めている、ひいては、この宇宙の性質を決めている」という主張です。のちにホイルの予言どおりのエネルギーをもった炭素原子核の励起状態が発見されました。

　またホイルは、星の中心部で作られない元素に関しては、超新星爆発の際の元素合成によって説明できることも指摘しています。１９５０年代、ホイルのもとにウィリアム・ファウラー（William Alfred "Willy" Fowler, 1911 - 95)、マーガレット・バービッジ（Margaret Burbidge, 1919 -)、ジェフリー・バービッジ(Geoffrey Ronald Burbidge, 1925 - 2010)ら優秀な研究者が集まり、元素合成の理論をさらに精密化して、57年、その集大成ともいえる論文を書きました。

　この論文はその後、著者のファミリーネームの頭文字を並べた「B^{2}FH 理論」で知られるようになり、元素合成といえばこの論文ばかりが引用されるようになって、ホイル自身の論文は忘れ去られてしまうという皮肉な結果となってしまいました。１９８３年、星の中の元素合成と原子核物理学への寄与でファウラーはノーベル物理学賞を受賞します。このとき、ノーベル賞委員会がホイルの先駆者としての寄与を認めなかったことは、物理学者や天文学者の間で大きな話題になりました。

■映画鑑賞をヒントに生まれた定常宇宙論＝宇宙に始まりがあることへの違和感

次に「定常宇宙論」を取り上げましょう。宇宙が膨張していることは、ジョルジュ・ルメートル（理論：P・96参照）やエドウィン・ハッブル（観測：P・31参照）が１９２０年代後半に明らかにしたが、これを単純に受け取ると宇宙は過去に行けば行くほど物質がどんどん圧縮され現在とは全く違っていて、ついには密度が無限大になり、宇宙に始まりがあるという結論にたどり着かざるを得ません。

ホイルはこの考えに強く異を唱えました。異を唱えたのはホイルばかりではありませんでした。当時の物理学者、天文学者の多くは宇宙に始まりがあることに大きな違和感を抱いていたのです。

「始まりがあるならその前は何だったのか？」という疑問が当然わいてきます。ホイルはボンディ、ゴールドとともに、宇宙は膨張していても常に同じような状態にとどまっているという説を唱えました。しかし宇宙は膨張しているので、物質の量が一定なら時々刻々その密度が減り、銀河の間隔がどんどん大きくなっていきます。ホイルたちはそうならないように空間から新たな物質が湧き出てくるとしました。この説が「定常宇宙論」です。

この「変わらない宇宙」というアイデアは、三人が一緒に見た映画〝Ｄｅａｄ ｏｆ Ｎｉｇｈｔ〟に同じエピソードが繰り返される場面があり、そこからヒントを得たということです。（このいきさつについては、"Steady state theory-New World Encyclopedia", http://www.newworldencyclopedia.org/entry/

Steady_state_theory を参照)。

定常宇宙論に対して、宇宙は超高温、超高密度から始まったというガモフの理論を「ビッグバン理論」といいます。「ビッグバン」という名前を付けたのがホイルであることもよく知られています。BBCのラジオ番組でホイルが科学の解説をしたときに、定常宇宙論に対してガモフの理論を「ビッグバン」と呼んでからかったのが始まりでした。

ホイルは、電波観測から宇宙は時間変化しているという印象を強くもっていたキャベンディッシュ研究所の電波天文学グループのマーティン・ライル（Sir Martin Ryle, 1918 - 84）との間に激しい論争を引き起こし、そのため１９６０年代、ケンブリッジの天文学グループとキャベンディッシュ・グループの協力関係まで阻害されるほどでした。64年にビッグバンの証拠である宇宙マイクロ波背景放射が発見されてほとんどの研究者がビッグバン理論を信じるようになっても、ホイルは最後まで、定常宇宙論に固執していました。

１９５７年にロイヤルソサエティーのフェローに選ばれたホイルは、58年にケンブリッジ大学で自然哲学と天文学の最も権威ある教授職の一つ、プルーム教授職に就きました。次いで67年、同大学に新たに理論天文学研究所を立ち上げ、そこの所長に選任されています。そして72年、ホイルはナイトの称号を受けています。

同年、ケンブリッジ大学が付属の天文台と太陽物理天文台、そして理論天文学研究所の三つを統合して新しい研究所をつくることになりましたが、このとき、新しい研究所の所長の人事などで、ホイルは自分の意見がほとんど無視されたと感じ、ケンブリッジ大学を退職してしまいました。
以後、湖水地方で隠棲同然の生活に入りますが、知的生産力は衰えることなく、「生命は宇宙で生まれ隕石や彗星で地球にやってきた」説（パンスペルミア仮説）や「始祖鳥は偽物」説、「ストーンヘンジは日食や月食を予言する装置」説などの異端の説（しかしパンスペルミア仮説は、現在では検討する価値のある説と考えられています）を次々と唱えたほか、以前から書いていたＳＦ小説を書き継いだり、世界中の大学からの講演依頼を受けたり、余暇にハイキングを楽しんだりという生活を送りました。しかし１９９７年にハイキングの途中で深い渓谷に転落し、12時間後に救助されるものの、以後、記憶障害をきたして精神不安定に陥ったのに加え、健康状態の悪化も徐々に進行していきました。幾度もの脳卒中に襲われたのち２００１年８月、還らぬ人となりました。ノーベル賞にこそ恵まれなかったものの、ケンブリッジ大学にはホイルの銅像が建立され、業績が永く伝えられることとなりました。

参考資料

- "*Fred Hoyle*"（Luke Mastin が運営するＷｅｂサイト、THE PHYSICS OF THE UNIVERSE における Important Scientists 部門の項目）
  http://www.physicsoftheuniverse.com/scientists_hoyle.html
- "*Fred Hoyle*", (biography.com が運営するＷｅｂサイトの PEOPLE 部門の項目)
  http://www.biography.com/people/fred-hoyle

ヤーコフ・ゼルドビッチ

ランダウ後の旧ソ連物理学を率いた知の巨人

▲ヤーコフ・ゼルドビッチ／絵＝ヤマドリチヒロ［https://www.astroarts.co.jp/article/hl/a/557_hoshinavi を参考］

日本を始め西側の国々では、旧ソヴィエト連邦（ソ連）や現在のロシアの研究者の成果が正当に評価されずにきたきらいがあります。１９８０年代までの東西冷戦の影響が色濃く反映した現象です。そのような事情から、これから紹介していく主人公たる研究者ヤーコフ・ゼルドビッチ（Yakov Borisovich Zel'dovich, 1914 - 1987）の名前をご存知の方はほとんどいらっしゃらないでしょう。かくいう筆者も、大学学部の４年生のころまで、この人物の名前すら知りませんでした。こんなエピソードもあります。

１９７３年にモスクワのゼルドビッチのもとを初めて訪れたホーキング（Ｐ・１４３参照）は、本人を前に、「『ゼルドビッチ』は何人かからなるグループの名前だと思っていた」と語ったそうです。

筆者は、大学院に入って一般相対性理論や宇宙論を勉強し始めてからは、ゼルドビッチとその同僚、弟子による教科書や研究論文に大変お世話になったことが思い出されます。

じっさいゼルドビッチは、宇宙論、ブラックホール、電波天文学はもちろん、流体力学、原子核物理学、素粒子物理学、燃焼化学など、驚くほど広い分野にわたって、先駆的で重要な業績を残した人です。

■燃焼科学から核物理学・素粒子論、そして宇宙論まで

ゼルドビッチは１９１４年、ミンスク（現在はベラルーシの首都）で生まれました。父は弁護士、母は翻訳家というインテリのユダヤ人家族でした。ゼルドビッチが生まれるとすぐ、一家はペテログラード（24年にレニングラード、91年にサンクトペテルブルグと改名）に移ります。

１９２４年、10歳のときゼルドビッチは、小学校へ３年生として入学します。30年に高校を卒業すると、大学に進学することはせずに鉱物関係の研究所で実験助手として働き始めました。31年５月からはソビエト連邦科学アカデミー化学物理研究所へと職場を移し、やはり実験助手として研究の手伝いに従事して、生涯この研究所に所属することになります。

そんなゼルドビッチでしたが、１９３２年から２年間、レニングラード大学の数学物理学科の学生、

次いで34年からは自分の所属する研究所の大学院生となり、従来経験的に知られていた不均一界面への吸着および同界面の触媒作用に関する理論的研究で36年、博士号（Ph・D）をとります。

Ph・D取得から2年ほどした1938年、ゼルドビッチは実験部門の長となり、39年には燃焼における窒素の酸化に関する研究で理学博士（物理学および数学）の学位を取得しました。その成果は、エンジンにおける窒素化合物生成の基本となり、「ゼルドビッチ機構」として知られるようになりました。

以上の研究でも分かるように、ゼルドビッチの研究の背景は主に燃焼や爆発に関する化学的な問題意識でしたが、彼はまた、核分裂の連鎖反応に関する重要な研究も手がけています。この時期の研究は、現在でも実用上非常に価値の高いものです。

1941年8月、ドイツ軍の侵略を避けるため研究所がカザン（現在はタタールスタン共和国北西部に当たる古都）に移ったため、ゼルドビッチも家族とともにカザンに移ります。

ゼルドビッチが所属する研究所は43年、モスクワに再度移転し、46～48年にゼルドビッチは同研究所の理論部の長とモスクワ物理工学研究所の教授とを併任しています。

第二次世界大戦後の48～65年の間は核兵器関係の軍事研究に従事し、その研究によってゼルドビッチは、レーニン賞を受賞しています。

■毀誉褒貶

ゼルドビッチは、軍事研究のかたわら素粒子の研究にも手を伸ばし、パイ中間子のベータ崩壊（ふつうは、中性子が反電子とニュートリノを放出して陽子に変わることをベータ崩壊というが、同様に電荷を帯びたパイ中間子が電子あるいは陽電子とニュートリノとを放出して中性のパイ中間子に変わる現象を予測し、この反応もこう呼ぶ）やミューオン（素粒子の分類でいえば、タウ粒子と共に電子の兄弟筋にあたる）を触媒とする核融合反応を予言しています。

同時期、核兵器研究に携わったノーベル物理学賞受賞者の物理学者ランダウは、１９３８年にスターリンを批判する記事によって逮捕されたこともあり、ランダウは核兵器研究に嫌悪感を抱きながらも、わが身の安全を図るために研究にしぶしぶ協力していましたが、ゼルドビッチは逆に、むしろ積極的にかかわったようです。ランダウはそんなゼルドビッチを毛嫌いしていたそうです。もっとも同時期に同じ研究をしていた旧ソ連の水爆開発の父で後の平和活動家アンドレイ・サハロフ（Andrei Dmitrievich Sakharov, 1921 - 89）は、ゼルドビッチを真の友人といっています。

１９６０年ころから、ゼルドビッチは天体物理学、宇宙論の研究を始め、64年、クエーサーのエネルギー源が超巨大ブラックホールの周りの降着円盤であるという提案をします。

またこの年、ゼルドビッチは、現在「宇宙マイクロ波背景放射」として知られているビッグバン初期の超高温の放射の名残（なごり）が存在し、観測できるはずだ、という予言もしていました。宇宙マイクロ波背景放射が発見されたのはまさにその年でした。

１９６５年からゼルドビッチは、モスクワ大学の物理学科の教授、大学付属天文研究所の相対論的天体物理学部門の長となります。モスクワ大学での宇宙論の授業のテストは、各自に問題を与えるものでしたが、その問題は難しく、例年ほとんどの受講生はそもそもテストを受けなかったということです。

１９６６年、宇宙論的な考察からミューオンニュートリノ（今日３種類が確認されているニュートリノのうち、ミューオンと関連付けられるもので、ミューニュートリノは１９６２年に発見されていた）の質量の上限を推定しましたが、これは素粒子論的宇宙論の草分け的な研究となりました。

同じ１９６９年、やはりロシアを代表する天体物理学者のひとりのラシッド・スニヤエフ（Rashid Alievich Sunyaev, 1943 - ）とともに宇宙マイクロ波背景放射のスペクトルが高エネルギーの電子によって影響を受けることを指摘し、「スニヤエフ＝ゼルドビッチ効果」と呼ばれるようになりました。これは、遠方銀河団の発見や銀河団中の高温プラズマの研究に用いられる重要な効果です。

１９７０年代前半にはアレクセイ・スタロビンスキー（Alexei Alexandrovich Starobinsky, 1948 - ）らとともに回転するブラックホールからエネルギーを取り出す現象の研究にも携わっています。

次いで１９７３年、ホーキング博士はモスクワを訪れ、そこではゼルドビッチや彼の同僚たちと議論が交わされましたが、その議論は、74年にホーキングによってなされたブラックホール蒸発の研究の直接的なきっかけとなりました。冒頭で引用したホーキングの、ゼルドビッチへの、驚嘆とも言える言葉は、このときの訪問で発せられたものでした。

以上のような輝かしい業績によって、ゼルドビッチは１９８３年、ブルースメダル、84年にはイギリス王立天文学会ゴールドメダル、85年にはディラックメダルなど幾多の賞を受賞していますが、87年、何の前兆を訴えることもなく突然、亡くなりました。

非常にエネルギッシュな人で、公私ともに周囲との衝突も多く、かなり攻撃的だったようです。自分にも周りにも厳しく、研究グループの学問的なレベルに対する要求はとても高かったそうです。

ゼルドビッチが活躍した時期は冷戦時代で、ゼルドビッチは欧米の物理学者との接触はほとんどなく、彼の研究成果もすぐには欧米に伝わらなかったことは想像に難くありません。もし、旧ソ連と西欧を隔てていた〝鉄のカーテン〟がなければ、ゼルドビッチの名前と業績はもっと以前から知れ渡っていたでしょう。

近年、学際研究という言葉で違う学問領域にまたがった研究が奨励されていますが、ゼルドビッチは一人でそれを実現した稀有な研究者でした。

参考資料

・Igor Novikov "*ZELDOVICH, YAKOV BORISOVICH*",（Ｗｅｂサイト、ENCYCLOPEDIA.com収載の項目）
http://www.encyclopedia.com/doc/1G2-2830906231.html

ジョン・アーチボルト・ホイーラー

〝アイデアの宝庫〟がブラックホールの認知

▲ジョン・アーチボルト・ホイーラー／絵＝ヤマドリチヒロ［http://oka-jp.up.n.seesaa.net/oka-jp/image/John-Wheeler.jpg?d=a1 を参考］

宇宙の中では、私たちの想像をはるかに超える高いエネルギーの現象が起こっています。このような現象には、現代の天文学では多くの場合、ブラックホールが関係していると考えられています。また私たちの銀河系も含めて多くの銀河の中心には、巨大なブラックホールが存在すると考えられています。今や、ブラックホールなしでは宇宙で起こっている様々な現象を理解することができない時代なのです。

しかしつい50年ほど前までは、ブラックホールは理論的想像の産物で、現実に存在するものかどうかさえ疑われていました。その雰囲気を変え、ブラックホールを天文学の表舞台に引き出した物理学者がいました。アメリカの物理学者ジョン・アーチボルト・ホイーラー（John Archibald Wheeler, 1911 - 2008）です。

■液滴模型で核分裂の仕組み解明

ホイーラーは１９１１年７月、アメリカ、フロリダ州ジャクソンビルで図書館員をしていた父の下、４人兄弟の長男として生まれました。父が職場を変えるたびに家族も全米各地を転々としました。父は図書館で購入する本の選書のため、いろいろな本を子供たちに買い与え、読ませたといわれています。ホイーラーはそんな雰囲気の中で科学への関心を育み、ラジオを組み立てたり、自分と友人の家同士を電線で結び電報を打ちっこしたり、大胆にもダイナマイトを作ろうとまでしたこともありました。

ホイーラーは、メリーランド州ボルチモアの高校を卒業し、１９２６年に名門ジョンズ・ホプキンス大学に入学しました。やがて大学院に進学し、博士課程では「ヘリウムの分散と吸収の理論」をテーマに研究して、33年には、学位の取得に成功しています。この間、１９３０年にわずか19歳で、国立標準局での夏のアルバイトの一環としてホイーラー自身の最初の論文を書いています。

１９３３年、ホイーラーは全米研究委員会からの奨学金を得てニューヨーク大学におもむき、そこで34年まで研究に従事しました。そのころ、幼なじみのジャネット・ヘグナーと婚約。次いで１年間、単身デンマークに渡り量子力学の父、ニールス・ボーア（Niels Henrik David Bohr, 1885 - 1962）のいるコペンハーゲンの研究所に滞在しました。当時、ボーアは物理学者には神のような存在で、実際、ホイーラーは、「ボーアと話して初めて、ブッダ、キリスト、モーゼのような偉人が実際に存在したことを確信した」と述べています。ホイーラーは、コペンハーゲン滞在中、ボーアと原子核の「液滴模型」を基にした原子核分裂の仕組みに関する論文を発表（39年）し、一流の物理学者の仲間入りをします。

■准教授職を蹴って助手職に

ホイーラーは、帰国後すぐにジャネットと結婚しますが、ウォールストリートの株価の大暴落（1929年）に端を発する世界大恐慌が二人を見舞い、そのあおりで、ホイーラーはなかなか職にありつけませんでした。そんなホイーラーにも幸運の女神が微笑む時がやってきました。37年、ノースカロライナ大学に助手として採用されたのです。その間教師の仕事で家計を支えたのはジャネットでした。

1938年、ホイーラーはジョンズ・ホプキンス大学からの准教授就任の誘いを断り、プリンストン大学の助手となります。当時、プリンストン大学は物理学科をつくったばかりで新進気鋭の研究者が多く、また近くの高等研究所にはアインシュタインもいてホイーラーの目には魅力的に映ったのでしょう。

翌1939年、ヨーロッパからアメリカの物理学界に、原子核の分裂という大ニュースがもたらされました。じつは、プリンストンでホイーラーと共同研究者たちは当時、ボーアがつくった原子核のモデルを用いて原子核の変形に関する研究をしており、核分裂の予言の一歩手前までいっていたことがのちに明らかにされました。核分裂のニュースを聞いた時、ホイーラーらはほぞをかむ思いをしたことでしょう。この年、ボーアがナチスの迫害から逃れるためプリンストンにしばらく滞在しましたが、この時ホイーラーは、ボーアといっしょに原子核分裂について論文を書いています。

この研究は原子爆弾につながるもので、事実、ホイーラーは第二次世界大戦で、マンハッタン計画に参加することになります。

■マンハッタン計画参加がもたらしたもの

マンハッタン計画に参加した理由としてホイーラーは、「弟がヨーロッパで従軍していて一刻も早く戦争を終わらせたかった」と述べています。ホイーラーの願い通りに事は運ばず、ホイーラーの弟は原爆が完成する前に戦死し、そして原爆はナチスの降伏後に完成し日本に対して使われたのです。

戦後、プリンストン大学に戻ったホイーラーは、原爆開発に携わった多くの物理学者と異なり、再び軍事研究に組み込まれますが機密書類を紛失するという失態などもあり、軍事研究からは遠ざかります。

■1950年代初まで、プリンストン大にも一般相対論の講義がなかった

この時期、ホイーラーは一般相対性理論、特に星の重力崩壊現象に興味を向け始めています。この問題は、もともとマンハッタン計画のリーダーだったロバート・オッペンハイマー（Julius Robert Oppenheimer, 1904 - 67）が１９３９年に自分の学生と書いた論文がきっかけでした。

この論文でオッペンハイマーたちは、星が自分自身の重力によって崩壊すると、際限なく縮んでいき、中心部の密度は無限に大きくなって、空間は無限に曲がってしまうという結論に至りました。

しかし彼らの計算は、いくつかの仮定の下で行われたものでした。それらは、星を作っている物質の性質（圧力と密度の関係）が簡単過ぎるとか、星は丸い形をそのまま保って縮まっていくなどという仮定ですが、いずれも現実的ではありません。したがって際限なく潰れてしまうという結論も受け入れがたいとホイーラーは考えました。しかし時空の構造にかかわる非常に面白い問題と考え、一般相対性理論の研究を始めました。

そのようないきさつからホイーラーは、一般相対性理論の講義をもちたいと大学に申請しましたがなかなか受け入れてもらえず、1952年、ようやく許可が下りました。現在では、物理学科や天文学科で一般相対性理論の授業があるのは当たり前ですが、当時、一般相対性理論は現実の世界とは無関係で、学生が研究の基礎知識として知っている必要はないと思われていたのです。近くの高等研究所にアインシュタインがいる天下のプリンストン大学ですらそうだったといいますから驚きです。

■「ブラックホール」が天文学の表舞台に

そして、ホイーラーはだんだんと、「現実的な状況でも星の重力崩壊は際限なく続く」というオッペンハイマーたちの結論を受け入れるようになりました。いったんこの結論を受け入れると、このようにしてできる天体はいったいどんなものかという興味がわいてきます。そして、遠方から見ると光が静止して見える〝面〟があり、その内側からは光すら逃れられないなど、不思議なことが分かってきました。

この天体をホイーラーは、「重力的に完全に崩壊した天体」と呼んでいましたが、１９６７年秋に発見されたばかりのパルサー（当時は分かっていませんでしたが、その後、その正体は高速回転する中性子星であることが分かりました）の研究会でホイーラーは、パルサーの中心部に「重力的に完全に崩壊した天体」があるのではないか、という話をしました。このときもっといい名前はないものかと聴衆に尋ねたところ。「ブラックホールは？」という声が誰かから上がったそうです。以来、ホイーラーはこの天体に対し「ブラックホール」という名前を使うようになります。そして多くの優秀な学生、若手研究者を集め、プリンストンに相対性理論研究の拠点を築き上げました。ここから、ブラックホールの重要な性質がどんどん明らかになっていき、天文学、物理学への応用が広がっていったのです。

■「大学は教授を教えるために学生をもっている」

ホイーラーの物理学への寄与は原子核物理、一般相対性理論にとどまりませんでした。この研究者は〝アイデアの宝庫〟で、学生との議論を通して量子力学の解釈問題、量子重力理論、量子情報理論の発展にも大きな貢献をすることになりました。

ホイーラーは、学生に教えることで多くを学び、学生を相手に自分のアイデアを語り、議論を深めながら学生を育てていきました。

「大学は教授を教えるために学生をもっている」というのがホイーラーの言です。

１９７６年にプリンストンを定年退職するまでに、実に46人もの博士を輩出していて、その中には今もって人気を博している物理学の教科書『ファインマン物理学』の著者で理論物理学者、ノーベル物理学賞受賞者のリチャード・P・ファインマン（Richard Phillip Feynman, 1918 - 88）、相対論研究者でホーキング博士とブラックホールの問題で賭けをしたことでも知られるキップ・S・ソーン（Kip Stephen Thorne, 1940 - ）、宇宙の多世界解釈の理論の提唱で知られるヒュー・エベレット３世（Hugh Everett III, 1930 - 82）、非等方宇宙モデルや一般相対性理論の３＋１形式などで知られるチャールズ・ミスナー（Charles W. Misner, 1932 - ）、今では数学者として有名ですがブラックホール熱力学の基礎となるブラックホールの性質を解明したデメトリオス・クリストドール（Demetrious Christodoulou, 1951 - ）、ブラックホールの熱力学の提唱者でメキシコ出身・イスラエル在住だった物理学者、ヤコブ・ベッケンシュタイン（Jacob David Bekenstein, 1947 - 2015）など、それぞれの分野で世界のリーダーとなる人材を育てました。これだけの数の博士を輩出するということは、それぞれが独自の研究をするわけですから、指導教授には、それぞれの研究ごとに指導したり議論したりする能力が具わっていなければならないわけで、ホイーラーがいかに多才で有能な教育者であったかが分かります。また相対性理論を勉強する人ならだれでも知っている〝電話帳〟とも呼ばれる１０００ページを超える教科書『重力』（原書名、"*Gravitation*" 若野省己訳、丸善刊）を、ミスナー、ソーンと一緒に書いていて、間接的には世界中の相対論研究者に影響を与えたといえるでしょう。

■プリンストン後のホイーラー

１９７６年にプリンストン大学を辞した後、テキサス大学に移り、理論物理学センターの所長として、86年まで務めました。テキサス大学では、量子力学の干渉実験において量子力学的対象、たとえば光が測定する方法によって粒子として振る舞うか波動として振る舞うかが決まるとする「遅延選択実験」を提唱しています。

■温厚な人柄からほとばしるアイデアの噴泉

その後、プリンストン大学に名誉教授として戻り、20年間をすごしたホイーラーでしたが、その間にも、１９９０年には「情報こそが物理学の基本的概念だ」という提案で注目されるなど、第一線での研究を続けました。いずれも提案当時は時代に先行し過ぎていて、「おかしなことを言う人」と受け止められていましたが、彼の提案が現在、活発な研究分野となっていることを見れば、そのすぐれた先見性に改めて驚かされます。筆者が85年前後にアメリカ、ミズーリ州セントルイスのワシントン大学で研究していた折、ホイーラーと直に言葉を交わす機会がありました。小柄でとても温かい人柄で、「どうしてこんな温厚な人の頭から突拍子もないアイデアが出てくるのか?」と感心させられたものです。

ホイーラーは１９６８年、エンリコ・フェルミ賞、69年、フランクリン・メダル、71年、アメリカ国家科学賞、69年、アインシュタイン賞、82年、ニールス・ボーア金メダル、84年、オッペンハイマー賞など多数の章を受賞しました。２００７年に夫人が99歳で亡くなり、その翌年の４月、本人も肺炎に倒れ、それがもとで、先立った夫人の後を追うように世を去りました。96歳でした。

◤ブラックホールとホーキング——ブラックホール内部の特異点問題◢

１９６０年代に理論天文学界にこの名前でデビューした「ブラックホール」ですが、それまでには長い間論争がありました。争点は、ブラックホールの中のことでした。

■特異点はない？

オッペンハイマーらはマンハッタン計画に参画する前、「まん丸い星が自分自身の重さで潰れると際限なく潰れてゆき、物質は中心の一点に押し込まれてしまう」という結論に達していました。すると中心では物質の密度が無限大になり、それによる重力で時空も無限に曲がってしまいます。無限に曲がった時空とは一体何なのか？　もうそれは時空とは呼べない状態です。そもそも物理学に無限大という量が出るはずがないのです。時空にあいた穴、ほころびのようなもので、「特異点」と呼んでいます。しかし現実の星は回転していて厳密にまん丸い星など存在しません。物質が一点に縮んだのは、〝丸い〟という条件によって物質の運動がすべて中心の一点に向かったためです。オッペンハイマーらの計算では、星が潰れるとき、星を作っている物質は中心方向に〝向く〟でしょうが、すべての物質粒子が中心の一点に〝向かう〟わけではありません。ほとんどの粒子は中心から少し離れた方向に〝向かう〟でしょう。星が回転している場合はなおさらです。中心から外れた方向に向かった粒子は中心を通り越して再び外に向かって飛び去ってしまい、結局、「中心の物質密度は無限大にならず、したがって特異点も存在しない」というのが多くの物理学者の反応でした。

「ブラックホールの中に特異点はあるのか、ないのか？」

■ホーキング、ペンローズ参戦で特異点問題に決着

この問題に挑戦したのが、若き日のスティーヴン・ホーキング（Stephen William Hawking, 1942 - ）で

した。

また、ちょうどそのころ、ロジャー・ペンローズ（Sir Roger Penrose, 1931 - ）というやはりイギリスの数学者も特異点の問題に興味をもっていました。そして二人は１９６０年代始めに、物質のエネルギー密度が負にならないなどの常識的な条件を満たすという条件の下で、重力が十分強ければ必ず特異点ができることを数学的に証明してみせたのです。「ペンローズ＝ホーキングの特異点定理」という有名な定理がそれです。

■ブラックホールと熱力学の対応問題……ベッケンシュタイン v.s. ホーキング

その後ホーキングは、ブラックホールの表面積は減少することはないことを証明します。このことは「熱力学第二法則」、すなわち平衡状態でない限りどんな反応でもエントロピーという量は決して減らないという法則によく似ています。「エントロピー増大の法則」とも呼ばれる、物理学では極めて重要な法則です。

さらにホーキングたちは、ブラックホールの落ち込む物質のエネルギーやそれによるブラックホールの質量や回転の変化から、「熱力学第一法則」によく似た関係も導きました。１９７０年のあるとき、ホーキングはプリンストン大学でこのことに関する講義をしました。この講義を聞いた大学院生の中にベッケンシュタインがいました。

ベッケンシュタインは指導教官のホイーラーに疑問をぶつけました。

「ブラックホールと熱力学の対応は単なる偶然ではなく、実際にブラックホールはエントロピーをもつのでは？」

この疑問は当時の常識からは馬鹿げていました。なぜなら、熱はおろか何も出てこないことこそがブラックホールのブラックホールたるゆえんのはずなのに、熱力学でエントロピーをもつということは、ブラックホールは温度をもっている、すなわち温かいということになるからでした。

しかしホイーラーはこの疑問に真剣に耳を傾け、ベッケンシュタインと議論を積み重ねました。ブラックホールに物が落ちると、外の世界から見るとそれは物という情報が失われたことになる。したがってブラックホールがあると、ブラックホールの中には外の世界からは見えないたくさんの情報があることになる。失われた情報、それはエントロピーという量の一つの側面です。このような考察からベッケンシュタインはブラックホールのエントロピーを計算して論文を書きました。

■反ベッケンシュタインのホーキングが、一転、親ベッケンシュタインへ

この論文は物理学界に大きな衝撃を与えました。ほとんどすべての物理学者がベッケンシュタインの結論に反対しました。彼の論文が世に出たのが不思議なくらいです。

論文は、科学雑誌に投稿されるとレフェリーと呼ばれるその分野の専門家に送られて審査を受けます。レフェリーが雑誌に掲載する価値があると判断した論文だけが掲載されるというのがしきたりです。したがって、間違った論文はほとんどこの過程で雑誌に掲載されることはありません。

しかし、正しい論文がレフェリーの判断ミスや予断によって掲載を拒否されることはあります。いったん拒否されてもレフェリーとのやり取りを通じ、修正して掲載になる場合や、別の雑誌に投稿して別のレフェリーに判断してもらうこともできます。いずれにせよ、このような過程を経た論文だけが科学的な価値があるものとみなされます。

レフェリーが誰だったのかは分かりませんが、その人は当時の常識と相反するベッケンシュタインの結果のどこかに真実をみたのでしょう。

ホーキングは、とりわけベッケンシュタインの論文に猛反発しました。自分が提案したブラックホールと熱力学の類似性をうまく利用し、間違ったことをもっともらしく主張していると感じたのです。

ちょうどそのころ、モスクワのヤーコフ・ゼルドビッチ（P・129参照）のグループでは、回転しているブラックホールのまわりで量子揺らぎ（量子力学の基本原理である不確定性原理の要請から、量子力学的対象に不可避的に生じる、物理量の自発的ふらつき）を考えると揺らぎが増幅されてエネルギーが外に運ばれ、ブラックホールの回転エネルギーが減少するという結論に導かれる研究が進められていました。

モスクワに招かれたホーキングは、このゼルドビッチのグループが取り組んでいた問題に興味をもち、自分でもブラックホールの量子ゆらぎを計算してみたところ、なんと、ブラックホールが回転していない場合でも、ブラックホールからエネルギーが出てくる、という結論に行き着いたのです。それも、ベッケンシュタインの予想通りに、あたかもブラックホールがその質量に反比例した温度をもっているかのような放射を出し、対応するエントロピーを蓄積していたのです。ここに至ってホーキングも立場を変化させ、ベッケンシュタインの主張を認めるようになりました。ブラックホールと熱力学の対応は単なる類推ではなく、両者にはもっと本質的な関係があることの表れであることが明らかになり、その後のブラックホール研究、重力の量子論の研究に大きな影響を与えることになりました。

参考資料

・Dennis Overbuy "*John A. Wheeler, Physicist Who Coined the Term 'Black Hole,' Is Dead at 96*"
（２００８年４月14日付ニューヨークタイムズＷｅｂ版に掲載のホイーラー死亡記事）
http://www.nytimes.com/2008/04/14/science/14wheeler.html

林忠四郎

太陽系形成論の開拓者で　ビッグバン宇宙論の改訂者

▲林忠四郎／絵＝ヤマヤドリチヒロ［http://www-tap.scphys.kyoto-u.ac.jp/history/C_Hayashi.html（1968年5月、NASAのゴダード宇宙飛行センターで成相恭二氏撮影）を参考にスケッチ］

20世紀天文学への日本人の寄与はどれほどか、を考えたことはないですか？　ここまで日本人研究者を紹介できなかったからといって、日本人の寄与が小さかったわけではありません。たとえば天体力学などでは古くから（といっても、日本の近代天文学は明治時代に呱呱（ここ）の声を上げていますから、たかだか200年の歴史ですが……）日本人天文学者が世界的な業績を上げています（例えば、観測では木村栄（ひさし）（1870 - 1943）のZ項発見（1902年）、理論では古在由秀（よしひで）（1928 - ）による人工衛星の軌道計算公式の定式化や小惑星の軌道に関する「古在共鳴」の発見などを思い出される人は多いでしょう）。またX線天文学などは、日本の天文学界が観測をリードしています。ハワイ島のマウナケア山頂にすばる望遠鏡が登場してからは、観測的宇宙論でも世界をリードする研究がおこなわれています。ここでは、日本の天体物理学の父とも呼べる林忠四郎（1920 - 2010）先生（以下、敬称略）の研究を、人となりを交えながら紹介してゆきましょう。

ちなみに筆者は、直接林の講義を受けたことがありますし、また筆者の修士課程時代の指導教官だった松田卓也（1943 - ）先生が林のお弟子さんでしたから筆者は林の孫弟子ということにもなります。

林忠四郎は１９２０年７月、京都で生まれました。林家はもともと、上賀茂神社や大徳寺の大工の棟梁の家系ですが、明治維新後に廃業し、林忠四郎が生まれたころ、父親はとある信用組合に勤務していました。

林は、１歳で叔父夫婦の養子となり、旧制第三高等学校（京都大学の前身）を卒業（１９４０年）するまで京都ですごし、その年、東京帝国大学（現在の東京大学、以下、東大）理学部に入学して素粒子論を専攻します。そのころ、林が雑誌会（ゼミナール）で割り当てられた論文の中に、これまでに登場したジョージ・ガモフ（P・１１２参照）やアーサー・エディントン（P・１６３参照）の論文がありました。「三つ子の魂百まで」という言葉がありますが、このときすでに、後の研究分野の下地がしかれたのかもしれません。大学時代の同級生にはノーベル賞物理学者、南部陽一郎（1921 - 2015）がいました。

卒業後林は、東大理学部嘱託及び海軍技術士官を経て１９４６年に京都大学（以下、京大）の副手、そして助手になります。47年、赤色巨星（中心部で水素の核融合が起こっている星を主系列星といいますが、赤色巨星は中心部の水素を使い果たし、主系列を脱した後の段階の星）に関する論文が林の最初の論文でした。49年には現在の大阪府立大学（当時は浪速大学）の助教授となります。ここで50年、林の最初の世界的な業績であるビッグバン理論における宇宙初期の元素合成の研究が行われます。

ビッグバン理論は、旧ソ連からアメリカに亡命した原子核物理学者のジョージ・ガモフが40年代に提唱した理論です。「宇宙は有限の過去に超高温、超高密度状態から爆発的に始まった」というのがそれです。ガモフは、この理論で現在宇宙に存在するすべての元素は宇宙が始まった直後の核反応によって作られたと考えました。そして宇宙に最初から存在した物質は中性子の塊で、ガモフはそれを「イーレム」（p・１１８参照）と呼びました。

林は、ビッグバン宇宙の初期の状況では中性子は陽子と絶えず反応を繰り返すため、中性子単独では存在できないことをあきらかにして、ガモフの理論を改良したのです。素粒子物理学を用いて初期宇宙を研究する分野を「素粒子論的宇宙論」といいますが、この論文は、その最初の記念すべき論文とみなされています。

１９５４年、京都大学から博士号を取得した林は、京都大学理学部の湯川秀樹教授のもとで助教授となります。湯川博士は宇宙の研究にも関心があり、宇宙物理教室の教授も兼任されていました。それもあって翌55年、湯川博士の呼びかけで京都大学の基礎物理学研究所で物理学者と天文学者が集まり天体核現象の研究会が開かれました。

１９５０年以降は湯川博士がその当時進めていた非局所場理論（素粒子を広がりをもった対象として記述する理論）による素粒子研究に関する研究をしていた林は、この研究会の開催をきっかけに天体物理学も積極的に研究することになります。

１９５７年に大学院に原子核理学専攻課程が新設されたのを機にそこの教授に昇進します。当時の林研究室の研究テーマは核融合と天体における核反応（天体核現象）の両方でした。林は、59年から60年にかけてＮＡＳＡのゴダード研究所に10ヵ月間滞在しますが、そこで当時の日本とアメリカの研究環境、計算機の違いを痛感します。今では想像もできませんが、当時の日本の大学にはゼロックスマシンすらなく、コピーをとる際は、今では〝ブルー・プリント（＝青写真）〟という言葉にしか面影を偲ぶことができない、インディゴを使った湿式の複写方式に頼るほかありませんでした。

帰国後、林は全国の研究者が利用できる計算機センターの設立に尽力します。また、アメリカから帰国後、林は名古屋大学にプラズマ研究所ができることなどもあって、核融合の研究はそちらに任せることにし、研究テーマを天体物理に絞ることに決め、集中的に星の進化の研究を進めていきました。そして１９６１年、のちに「林の禁止領域」とか「林フェーズ」とかと呼ばれる、星が誕生する際にたどる過程についての重要な発見をしました。

星は中心部の核反応でできたエネルギーを外へ運ぶことによって自分自身の重力と釣り合っていますが、エネルギーを外へと運び出すには放射（光子の流れ）と対流（熱い塊が上へ冷たい塊が下へと運動すること）があります。林は、星の内部のほとんどで対流が起こっているときには、ある表面温度以下では星は安定に存在できないことを示しました。このため、このような星は、自分自身の重力によって収縮し、温度を上げていきます。その後、表面温度を一定に保ちながらゆっくりと収縮していくという進化の道をたどります。この進化経路を「林フェーズ」といいます。林フェーズを経たあと、星は主系列星となります。

これらの業績によって、林は１９６３年に日本物理学会から仁科記念賞、そして70年にはイギリス天文学会からエディントン・メダルが授与されました。その後も71年に恩賜賞、日本学士院賞、82年に文化功労者となり、86年に文化勲章を授与され、87年には学士院会員となりました。70年ころには研究対象を太陽系の形成に移し、85年ころに「京都モデル」と呼ばれる太陽系形成理論を提唱しました。

話は前後しますが、林は84年、京都大学を定年退官しました。その際弟子たちからパソコンを贈られています。林はそれを機会に計算機のハード面とソフトウェアとを徹底的に勉強し、専門家も顔負けするほどになりました。前出の松田卓也は自他ともに認める計算機オタクですが、その松田氏も林の計算機通ぶりに舌を巻くほどだったと聞いています。

惑星形成の研究も続け、週一度は弟子たちを大学（のちに自宅）に集めてゼミをしていました。95年に、京都賞、２００４年には、太平洋天文学会ブルース賞を受賞しています。京都賞の賞金の一部は林忠四郎賞（96年創設）の賞金にまわされ、毎年天体物理学に貢献のあった研究所に贈られています。07年、最愛の夫人が他界されたときには、夫人の伝記を書いて親戚・友人に配ったそうです。功成り名遂げた晩年も旺盛な研究心は衰えることはありませんでした。林は10年、肺炎のため89歳で亡くなりましたが、その2年ほど前までは、研究を続けていました。

林の特筆すべきことは、研究室から多くの一流の研究者を輩出し、それら研究者それぞれが日本の天体物理学の様々な分野を牽引していったということです。その中にはインフレーション理論の提唱者の佐藤勝彦（1945 - ）東京大学名誉教授も含まれています。研究については、「他の人がやらないことをやりなさい」という方針で林研究室の学生はそれぞれ違った研究対象を選び、恒星、星間分子、銀河、宇宙、高エネルギー天文学などと林研究室の研究対象はどんどん広がっていきました。

研究分野は広がりましたが、どんな研究をするにも基礎的な物理過程を広く勉強すること、研究のための時間を減らさないようにすることなど、常々語っていたそうです。昨今の風潮では、学術振興会の奨学金を得るために修士課程で練習問題のような論文を書くことが求められていますが、林はこのスタイルを嫌われ、研究は博士課程になってからでよく、修士では研究よりも勉強をすること、修士論文は勉強したことをすべて書くことを薦めていました。

またゼミの厳しさも有名で、あいまいな発表をする学生に対しては手加減なく質問攻めにしたそうです。とても几帳面で厳格な人となりのもち主で、自宅の建築に当たっては、材料の特性を自分で調べるという徹底ぶりだったという話を聞いたことがあります。

筆者が学生のころ、林は一般相対性理論の講義をされていました。半期の講義でとてもすっきりとした要領のいい講義でしたが、印象に残っているのは成績のつけ方でした。何でもいいからレポートを書き、それを林の研究室で説明するというスタイルのもので、大学時代に筆者の一番印象に残ったことでした。現在の筆者も大学で一般相対論の講義をしていますが、受講者が少ないときは林流のテストをして学生に嫌がられています。

◥星の進化と林フェーズ◣

星の〝種〟ができ、それが〝おとな〟の星（主系列星）、さらに星の死へと向かう一連の過程を「星の進化」といいます。その過程は、一言ではいい表せませんが、その一部、しかしとても重要なプロセスとして、主系列星がどんな仕組みで生じてきたのかを示す過程があります。その〝おとな〟の星へと移り変わる過程が「林フェーズ」です。

星は、水素を主成分とする星間ガスの密度が高いところが自分自身の重力によって潰れてできます。1960年以前には、星全体がゆっくりと収縮して中心部の温度が1000億度程度になって水素の核融合反応が起こり、主系列星ができると考えられていました。

しかし、生まれたての星は体積が大きいため、表面は熱源である中心部からは遠くにあって温度は中心部に比べて非常に低くなります。このような場合、対流という現象が起こって中心部の熱が表面に運ばれます。対流とは、中心部の熱い塊が表面に浮かびあがり、逆に表面の冷たい塊が中心へ沈むことが絶えず起こっている状況です。対流による熱移動がよどみなく起こる状態では、星の中心部は温度が下がり熱圧力が低下するので重力で潰れようとする勢いを受け止め切れず中心部は急速に収縮します。それと対比して星の表面は密度が薄いためゆっくりとしか収縮しません。

中心部は収縮すると密度が上がり、それに伴って圧縮されて温度が上がり大量の熱が放出されます。

その熱は対流によって運ばれ表面から宇宙空間に放出されますが、表面付近の落ち込みが緩慢なため星は大きいままなので表面積は大きく、結局、星は非常に明るく輝くことになります。その後、このような状態のまま星はゆっくり縮んでいくので、星の表面温度はあまり変らず明るさが減少するという経過をたどって主系列星となります（これは太陽質量の半分くらいまでの星の進化で、それ以上の質量の星の場合は、主系列になるまでに別の状態となる）。このような主系列星の一段前の段階を「林フェーズ」といいます。

参考資料

・杉本大一郎「林忠四郎先生の思い出」日本惑星科学会誌（「遊・星・人」）20巻第4号（2011年、日本惑星科学会）
・佐藤文隆編『林忠四郎の全仕事―宇宙の物理学』（2014年、京都大学学術出版会）

第三部

天文学を豊かにした人びと

クライド・トンボー

新しい太陽系領域に挑んだ人

▲冥王星を見つけた9インチ望遠鏡を前にするクライド・トンボー／出典＝Wikipediaパブリックドメイン（https://upload.wikimedia.org/wikipedia/commons/0/01/Clyde_W._Tombaugh.jpeg）

アメリカ航空宇宙局（NASA）が打ち上げた冥王星無人探査機「ニュー・ホライズンズ（New Horizons）」（2006年7月）が日本時間15年7月14日、冥王星に最接近、フライバイ（＝近付いた天体の重力を利用して探査機の進行方向を変更する手法）に成功しました（「ニューホライズンズ」はその後も引き続き、エッジワース・カイパーベルトの天体を観測中）。この探査機には、あるアメリカ人の遺灰が納められています。この遺灰の主こそ、冥王星を発見した人、クライド・トンボー（Clyde

William Tombaugh, 1906 - 97）です。経済的な理由で正規の教育を受ける機会には恵まれなかったけれども、独学で天文学をおさめ、歴史に名を残した人、トンボーです。

■ローウェル天文台への手紙が開いた本格的天文観測の道

トンボーは１９０６年、アメリカのシカゴから約１３０キロメートル南西のイリノイ州ストリーターで農家の息子として生まれました。小さい時から父親の影響で夜空を眺めることが好きでしたが、いとこが貸してくれた望遠鏡がそれに拍車をかけました。22年、トンボー16歳のとき、一家はカンザス州に移り大規模な農場経営に乗り出しますが、雹（ひょう）害のため農場は壊滅的打撃を被り、トンボーは大学進学を断念せざるを得ませんでした。しかし経済的困窮は天文学への興味まで奪うことはできませんでした。

近くに大きな町どころか図書館すらない環境でしたがトンボーは独学で天文学の勉強に励みました。父親に買ってもらった口径約６センチメートルの望遠鏡がありましたが、それで満足できるわけがなく、もっと大きな望遠鏡の自作を思い立って、１９２５年に初めてその思いをかなえました。以後トンボーは、生涯に30台ほどの望遠鏡を自作しています。父親はこのとき望遠鏡の部品を買うために副職までしたといいますから、父親もトンボーを懸命に支えていたのでしょう。28年、トンボーは農場に残っていた部品などを使って非常に精度の高い口径23センチメートルの反射望遠鏡を作り、木星や火星の観察に没頭します。カンザス州はアメリカの田舎の代名詞で、当時の夜空は素晴らしいものでした。

余談になりますが、筆者は１９８０年代に３年間、カンザス州に隣接するミズーリ州のセントルイスで研究生活を送りました。そのとき友人がカンザスシティーにクルマで行く用事があり、観光を兼ねて私も彼に同行したことがありました。真夜中のドライブでひと休みしたときのカンザスの夜空の美しさが今も思い出されます。トンボーが見ていたのはもっと昔ですから当時の夜空のすばらしさが想像できようというものです。

天体観測がたび重なるほどに、トンボーは天文学への熱い思いを抑えられなくなり、自分のやってきた観測と今後の観測の方向性についてプロの天文学者の率直な意見を聞きたくなりました。

そこで1928年、意を決して火星や木星のスケッチをアリゾナ州のローウェル天文台に送ってみました。

この天文台はもともと、火星観察で有名な大富豪ローウェル（Percival Lowell, 1855 - 1916）の私設天文台でしたが、ローウェルの没後、アリゾナ大学に寄贈され、惑星研究のメッカとなっていました。

このトンボーのローウェル天文台への手紙送付という勇断が、彼の人生を変えることになりました。どんな返事がくるか胸をときめかせていたトンボーのもとに、全く意外な手紙が届きました。「ローウェル天文台の職員として働かないか？」という内容の手紙でした。

■冥王星の発見

この提案を決めたのは、当時の同天文台の台長のヴェスト・スライファー（Vesto Melvin Slipher, 1875 - 1969）でした。スライファーは、トンボーの送った観測野帳に見て、地道な努力と正確な惑星観測の態度に心を打たれ、トンボーにあるプロジェクトを任せようと心に決めたのでした。そのプロジェクトとは、当時問題となっていた惑星Ｘ（エックス）の探査でした。

１８４６年の海王星発見以来の、地道な観測から、20世紀も四半世紀を過ぎた頃には、海王星の軌道が理論的な予想からわずかにずれていることが確実となっていました。そしてその違いの原因は、「海王星のさらに遠くに未知の惑星があるからではないか？」と考えられるようになっていたのです。その未知の惑星が惑星Ｘです。

もちろん、トンボーはその申し出を喜んで受け、翌１９２９年からは、ローウェル天文台での仕事に携わることになりました。

トンボーの役目は、口径33センチメートルの望遠鏡とそれに装着した点滅コンパレーターと呼ばれる装置を使って惑星Ｘを探すことでした。この装置は、違った日に撮影した同じ写野の写真乾板を見比べて、動いている星を探すものでした。トンボーはこれを改良してより使いやすくし、予想された位置の付近を丹念に調べ始めました。そして１９３０年２月、ふたご座デルタ星の近くで動いている17等級の星を発見することに成功したのです。

ローウェル天文台は再確認後の３月13日、ローウェルの誕生日に〝太陽系第９番目の惑星〟が発見されたと発表しました。この惑星の名前は世界中に公募され英国の11歳の少女のつけた「プルート（＝英語のPluto）」が採用されました。太陽系の果てが、ギリシャ神話の冥界の神「プルート」の住家を連想させたのです。「プルート」の日本語訳「冥王星」は、『星と伝説』（創元文庫、１９５２年《初版》）

などの著作で有名な天文民俗学者の野尻抱影がつけたものです。

発見当時推定された冥王星の質量は、観測された海王星の軌道を説明するには小さ過ぎると考えられたため、トンボーは10番目の惑星探しを、さらにしばらくの間継続することにしました。

冥王星の発見の功績によって、トンボーは英国王立天文学会から表彰され、またカンザス大学の奨学金も得て１９３２年、念願だった大学で天文学を学び始めました。入学当初、１年生の天文学の授業を登録しましたが、担当の教授からすでに立派な天文学者だという理由で断られたという話が残っています。

１９３６年に天文学の学士号を、そして39年には修士号を取得します。その間、夏休みにはローウェル天文台に戻り観測を続けました。博士号は後日（60年）、アリゾナ州立大学で取得しています。

トンボーは学位を取ったのち天文台に戻り、第二次世界大戦が始まるまでの14年間に、何百という変光星や小惑星と二つの彗星、一つの球状星団、五つの散開星団を発見しました。さらにアンドロメダ座からペルセウス座にかけて広がる銀河の大集団も発見しています。第二次世界大戦中、トンボーは、海軍の要請でローウェル天文台を離れ、アリゾナ州立カレッジ・フラッグスタッフ分校で航法の講義をしました。戦後、ローウェル天文台は経済的理由でトンボーに職を用意することができなくなりました。そこでトンボーは、カリフォルニア大学ロサンゼルス校に１年ほど客員教員として滞在した後、ニューメキシコ州のミサイル実験場で光学測定の主任としてミサイル追尾望遠鏡を開発する研究に従事しました。ドイツ敗戦後、ドイツ軍のロケット「Ｖ２」の開発を指揮したフォン・ブラウンがアメリカに連れてこられ、アメリカもロケットやミサイルの開発に乗り出すことになったのです。

■地球近傍天体探査

1953年から2年間、トンボーは地球を公転する微小な衛星を探査するというプロジェクトを率いて、宇宙開発の先駆けの役割を果たしました。このプロジェクトによって何の衛星も発見されなかったことから、NASAは安全に人工衛星を打ち上げる保証を得たのでした。その後、55年にニューメキシコ州立大学に惑星研究のセンターを設立し、このプロジェクトは引き継がれます。トンボーはそこで、73年に引退するまで、惑星観測や天文教育に力を注ぎました。このセンターでは、水星の自転周期や木星の大赤班の回転、人工衛星の追跡などの研究が行われました。トンボーの場合、引退といってもすごすごと隠居生活を始めたわけではなく、90年ころまでは講義や講演で全米を飛び回っていました。

1978年、トンボーの発見した冥王星には、衛星が発見されました。「カロン」と名付けられたこの衛星は、大きさが冥王星の約半分、質量が7分の1ほどもあることから衛星というには大き過ぎます。また2002年以降、海王星よりも遠方に冥王星サイズの天体が次々に発見され、今日では冥王星は惑星ではなく、「太陽系外縁天体（またはエッジワース・カイパーベルト天体）」の一種である「準惑星」と呼ばれるようになっています。そして、太陽系外縁部は原始太陽系の情報をそのままの形で保存していることから、その探査は現代天文学の最先端のテーマになっています。その意味でトンボーは、新しい惑星の発見者というよりは新しい太陽系の領域の最初の発見者ということがいえます。

トンボーは、陽気でダジャレが好きで常にアマチュア天文家との交流に努めていました。そして親身になって観測についてのアドバイスをしていたそうです。また少年のころと同じように夜空の観望も続けていました。スミソニアン博物館が、トンボーが１９２８年に自作した望遠鏡の展示をしたいと申し入れたときも、「今も使っている」といって断ったということです。トンボーは、ニューメキシコ州南部の小さな町にある自宅で毎晩のように望遠鏡で夜空を観望することが何より好きだったのです。

トンボーは１９９７年１月17日、心不全のため自宅で、幸福な91年の生涯を閉じました。

参考資料

・Nola Taylor Redd "*Clyde Tombaugh: Astronomer Who Discovered Pluto*"（デジタル出版・販売Webサイト、Purchが提供するページ、Space.com上の項目：２０１３年2月15日）
http://www.space.com/19824-clyde-tombaugh.html

・"*Clyde Tombaugh*"（アメリカ、ニューメキシコ州文化事業部のニューメキシコ宇宙の歴史博物館が提供する、「宇宙誌に関する国際的知名人殿堂」Ｗｅｂサイトの項目。１９８０年殿堂入り）
http://www.nmspacemuseum.org/halloffame/detail.php?id=51

アーサー・エディントン

恒星天文学の父

▲アーサー・エディントン／出典＝Wikipedia パブリックドメイン（https://upload.wikimedia.org/wikipedia/commons/2/24/Arthur_Stanley_Eddington.jpgg）

20世紀前半を代表する天文学者は誰か？　という問への答えは一通りではないでしょうが、それでも、その可能性の最も高い人にサー・アーサー・エディントン（Arthur Stanley Eddington, 1882 - 1944）の名が挙がっても反対を唱える人はそう多くはないでしょう。アインシュタイン（P・70参照）やチャンドラセカール（P・184参照）と浅からぬ因縁があったイギリスの天体物理学者です。

アーサー・エディントンは1882年にイングランド北部の湖水地方、ケンダルで、クェーカー教徒の両親に生まれました。父はケンダルの小学校の校長を努めていましたが、エディントンが２歳のころに病気で亡くなっています。その後、母はエディントンとエディントンの姉の２人の子供を抱えて経済的に苦しい生活を強いられることになりました。そのため母は、亡き夫の母と一緒に暮らすためイングランド南部のウェストン・スーパー・マヤに移ります。

ウェストン・スーパー・マヤに移った当初、エディントンは不登校児になり、母が勉強を教えることになりました（その後、私立の小学校で３年ほど勉強しましたが……）。

もともと星を見ることが好きだったエディントンは、10歳のとき、ひとから借りた望遠鏡で星を観察し、天文学への興味を一層かきたてられることになりました。

11歳で公立学校に入ったのをきっかけに、エディントンの才能が開花します。特に数学と英文学では抜群の才能を発揮しました。勉強ばかりでなくクリケットやサッカーにも熱中したようです。非常に優秀だったためエディントンは例外的に、16歳で奨学金を支給されて、マンチェスター大学に入学、物理学を選択します。

ここでエディントンは、ホレース・ラム（Horace Lamb, 1849 - 1934）という流体力学や弾性体の科学では良く知られた数学の教授に大きな影響を受け、その方面の勉学に励んで１９０２年、優秀な成績で卒業します。その成績が認められて奨学金を受け、ケンブリッジ大学トリニティー・カレッジの大学院に進学しました。

■ケンブリッジ天文台長として日食観測へ

ケンブリッジ大学では、数学の学位試験に優秀な成績で合格すれば、事実上研究職が保障されていました。イギリス中から集まった秀才たちはそれを目指して猛勉強をします。エディントンも例外ではありませんでした。ただ、エディントンは単なる勉強の虫ではありませんでした。文学を好み、チェスクラブや数学クラブにも顔を出し、大好きなサイクリングで遠出をしたりと、青春を謳歌しました。

1904年、エディントンは努力が実り、非常に優秀な成績で学位試験に合格しました。晴れてキャベンディッシュ研究所に入所が許され、熱い金属の表面から電子が飛び出してくる現象（熱電子放出）の研究を始めました。しかし、思わしい成果を上げることができなかったためこれに見切りをつけ、得意の数学に分野を変えました。が、やはりこの方面でも、思わしい結果が得られませんでした。

1905年の暮近く、エディントンに幸運がめぐってきました。グリニッジ天文台の助手として採用されたのです。

当時この天文台では、小惑星エロスの写真から星の運動を調べる研究が行われていました。すでに1904年にオランダのヤコブス・カプタイン（P・182参照）が太陽系近傍の恒星の運動を調べ、大多数の恒星は集団的に一方向の運動をしており、それは銀河系という恒星の大集団の回転運動であることを示唆していました。しかしこの考えはまだ一般的ではなく、個々の恒星は独立に運動しているというのが大方の考えでした。エディントンは、カプタインの場合よりもはるかに精密な星の運動の観測から、実際に太陽系近傍の星がカプタインの観測どおりの運動をしていることを突き止めました。

この研究が高く評価されたエディントンは、トリニティー・カレッジの特別研究員となり、１９１３年には天文学・実験物理学の教授に任命されました。さらに翌年には、ケンブリッジ天文台長に指名されました。天文台長には宿舎があてがわれていたことから、エディントンは母と姉をそこによび寄せ、一生をいっしょに過ごすことになります。ちなみにエディントンは生涯独身を通しました。

■一般相対性理論の検証に成功

第一次世界大戦が始まるとエディントンは徴兵されますが、クェーカー教徒の信条に忠実な良心的兵役拒否者として従軍拒否の意思を表明しました。科学界からのサポートもあって、エディントンは兵役の免除を勝ち取ることができました。

１９１５年、エディントンは、物理学史の一ページを飾る、すばらしい業績に向け一歩を踏み出しました。アインシュタインが一般相対性理論を発表するといち早くこの理論に着目し、その検証のために日食時の星の位置を精密に測る計画を立て、イギリス王立天文学会に働きかけました。

一般相対性理論が正しければ、遠方の星からの光は、太陽の重力によって進路が曲がり、私たちが地球上で見る星は、天球上で実際の位置よりわずかに違った位置に見えるはずです。その変化を、私たちと星の実際の位置を結ぶ直線と、私たちの位置から私たちが見る星の方向とがなす角度で表すと、ニュートンの重力理論ではその変化は０・８４秒角、一般相対性理論ではその２倍になると計算されます。従って、その角度を観測で測定できれば、一般相対性理論の真偽が確かめられるというのがエディントンの考えでした。

その計画が認められ、第一次世界大戦が終了した翌１９１９年の５月29日に皆既日食が起こるチャンスを捕らえて、西アフリカのギニアと南米のブラジルに観測隊を派遣することになりました。

エディントンはギニア隊を率い、最も条件のよい、ギニア沖にあるプリンシペ島で観測に入りました。観測隊は、日食時に16枚の写真を乾板におさめ、うち２枚にだけ、不鮮明ながら五つの星が写っていました。

そしてその数ヵ月後、エディントン隊は自国のオックスフォードで、その星からの光が太陽の重力の影響を受けていない時に、日食時に写したと同じ天域の写真を撮り、ギニアで撮影した写真と比べたのです。その結果、対応する星の位置のずれは、１・62±０・444秒角、つまりニュートン重力理論での計算値の約２倍となり、エディントンはこの値をもって一般相対性理論の正しさが証明されたと発表し、科学界のみならず一般の間でも、新聞の一面を飾るなど大きな話題になりました。

もう一つのブラジル隊の観測は、非常に不確実なもので、エディントンはブラジル隊のデータは採用するに値しないと主張しましたが、この判断は、当時少なからず論争を引き起こしました。じっさいには観測データは観測方法や条件などいろいろな要素がからむものです。そのため、データ取得の経緯に直接タッチした人でなければ断定的なことは言えないはずなのです。

ブラジル隊のデータに関してエディントンの主張が通ったのは、科学者エディントンへの絶大な信頼があったからでもあるのでしょう。その後も、光路の曲がり方に関する観測は繰り返し行われ、一般相対性理論の予言の正しさはゆるぎのないものになっています（２０１７年３月までのところ、一般相対性理論に矛盾する実験結果や観測結果は何一つ得られていません）。

■一般相対性理論の〝伝道師〟

エディントンが一般相対性理論について力を注いだのは、理論の検証だけではありませんでした。一般相対性理論の普及に注いだ努力にも並々ならないものがありました。

一般相対性理論には、誰でも知っている言葉を使っていえば、三角形の内角の和が１８０度に満たないことを基にした幾何学「非ユークリッド幾何学」を扱う当時最先端の数学が使われていました。そのため、理解することが非常に難しいと思われていました。

そこでエディントンは、人々の理解を深めるため、一般相対性理論の丁寧な解説書や教科書を書きました。それらのうち１９２３年に出版された教科書に対してアインシュタインは、「これまで書かれたあらゆる言語の一般相対性理論の記述の中で最も素晴らしい」と賛辞を述べています。

一般相対性理論の研究では、エディントンはこのほかに宇宙論に関する研究もしています。１９２７年、膨張宇宙に関するルメートル（P・96参照）の論文と、遠方の銀河が我われから遠ざかっていることを知ったエディントンは、膨張宇宙の信奉者になります。17年、アインシュタインは「アインシュタイン宇宙」と呼ばれる有限の大きさをもち、果てがなく、しかも時間変化しない宇宙のモデルをつくりましたが、エディントンはアインシュタイン宇宙がほんのわずか揺らぐだけで膨張、あるいは潰れることを示した上で、観測される宇宙膨張はアインシュタイン宇宙から始まったと考え、〝宇宙卵（＝原初原子）〟の爆発から始まったとするルメートルのビッグバンモデルは受け入れませんでした。

■星の構造の研究者として

エディントンの研究上の重要な業績は、一般相対性理論よりもむしろ星の構造についての研究だったといえるでしょう。この方面の研究が始まったのは１９１６年頃からでした。

セファイド型変光星は周期的に星が膨らんだり縮んだりすることで明るさを変えますが、エディントンはその原因を研究しました。また星の内部では、星自身の重力を支えるために放射による圧力（星の中心から外側に流れる大量の光子による圧力）が重要なこと、そして物質が電離していることを指摘し、それらを考慮に入れて星の構造を解いたのです。

その結果エディントンは、星内部の温度が数百万度になることを初めて示しました。このような温度を長い間実現するためのエネルギーは、それまで知られていたエネルギー源では説明することができません。そこでエディントンは、星の中心部で水素の原子核同士が融合してヘリウムに変わる核反応が起こり、莫大なエネルギーを放出していると予想しました。これは１９１７年のことで、Ｊ・Ｄ・コッククロフト（John Douglas Cockcroft, 1897 - 1967）とＥ・Ｔ・Ｓ・ウォルトン（Ernest Thomas Sinton Walton, 1903 - 95）によって核反応（この場合は核分裂）が実際に起こることが発見される15年も前のことでした。また、１９２４年にエディントンは、星の光度がその星の質量の約３・５乗に比例するという関係を導いています。

これらの研究は、のちの天文学の基礎となっています。これらの業績によってエディントンは１９２４年、太平洋天文学会からブルース・メダル、アメリカ科学アカデミーからヘンリー・ドレイパー・メダル、英国王立天文学会からゴールド・メダルをたて続けに受賞し、28年にはロンドン・ロイヤルソサエティーのロイヤル・メダルを受賞しました。そして30年には、英国国王からナイトの称号が与えられました。

しかし、エディントンの研究者としての評価は１９２０年の終わりころから変化を見せ始めました。その頃から量子力学と重力を統一しようと、理論に取り組み始めたのです。エディントンはこの理論を「基本理論」と名付けました。アインシュタインが重力と電磁気力を統一する理論を「統一場理論」と呼んで時代の流れに背を向けた研究にのめり込んでいったのとよく似ています。

エディントンの理論は、重力定数や光速度、陽子や電子の質量など色々な数値を組み合わせた数値をつくり、その数に特別な意味をもたせるという数秘主義的な変わった方法で、一般には受け入れられませんでした。この「基本理論」の研究にのめり込むエディントンは、だんだんと周りの研究状況には目もくれなくなり、独善的にもなっていきました。

これに対する科学界の目は、嘲笑に似た冷たいものでした。この研究ではありませんが、１９３０年にインドからケンブリッジにやってきた若いチャンドラセカール（Ｐ・１８４参照）のブラックホールへとつながる研究をエディントンが冷淡な態度で無視したのも、科学的な根拠があったからではなくエディントンの自然に対する信念に基づくものにほかならず、独善的あるいは傲慢ととられても仕方のないものでした。チャンドラセカールはのちに、この研究でノーベル物理学賞をとりましたが、当時でもニールス・ボーア（Niels Henrik David Bohr, 1885 - 1962）やレフ・ランダウ（Lev Davidovich Landau, 1908 - 68）といった理論物理学者は、チャンドラセカールの主張の正しさを理解していました（いずれチャンドラセカールを紹介するのでこの話の詳細はそのときに触れることにします）。いずれにせよ「基本理論」は全く受け入れられませんでしたが、彼の恒星の運動、構造の研究の価値は後年になるほどますます輝きを増すような立派な業績です。

エディントンは１９４４年、61歳という若さでケンブリッジで亡くなりましたが、死の直前まで「基本理論」の論文の推敲をしていたそうです。

参考資料

・Ian H Hutchinson "*Astrophysics and Mysticism; Life of Arthur Stanley Eddington,*"（マサチューセッツ工科大学運営のＷｅｂサイト中、Ian H Hutchinson のＨＰに２００２年に収載）
http://silas.psfc.mit.edu/eddington/#tthFrefAAB

ヤン・オールト
ダークマター研究の先駆者・オールト雲の提唱者

▲ヤン・オールト／出典＝Wikipediaパブリックドメイン（https://upload.wikimedia.org/wikipedia/commons/thumb/a/a2/JanOort.jpg/800px-JanOort.jpg）

20世紀の天文学では、いろいろなことが解明されました。私たちの銀河系が直径10万光年もの大きな「渦巻銀河」であること、宇宙には同じような銀河が無数にあることが分かりました。さらに宇宙には「暗黒物質（＝ダークマター）」と呼ばれる、光を吸収も放出もしない不思議な物質が大量に存在することが、様々な観測によって確からしくなりました。太陽系についても、その広がりは惑星が存在する範囲をはるかに超えていて、そこには「彗星の巣」があることなどが分かっています。

そして驚くべきことに、これらの重要な発見の多くに直接かかわっていた天文学者がいました。本書の最初に取り上げたリービットが生前、その発見の意義が十分理解されず、業績にふさわしい評価を得られなかったのに対し、この人は医者の家に生まれて経済的に不自由なく育ち、教育環境にも恵まれ、若いころから研究で名を挙げ、学会でも重要な役割を果たし、そのうえ長寿で死の直前まで研究を続けることができたという、順風満帆の研究人生を送りました。

その人の名前は、ヤン・ヘンドリック・オールト（Jan Hendrik Oort, 1900 - 92）、天文ファンには「オールトの雲」のオールトとして知られている、20世紀を代表する天文学者の一人です。オールトは１９００年、医師アブラハム・ヘンドリクス・オールト（Abraham Hendricus Oort, 1836 - 1927）の次男としてオランダ北部のフリースラント州フラネケルに生まれました。

物理学と数学が得意だったオールトは、まず、物理学の勉強をするために17年、フローニンゲン大学に入学します。大学で銀河系のモデルで有名な天文学者ヤコブス・Ｃ・カプタイン（Jacobus Cornerius Capteyn 1851 - 1922 ：Ｐ・１８２参照）の天文学の講義を聞いたことが、のちの彼の人生を決定づけました。物理学よりも天文学に興味が移って天文学者を志すようになったのです。21年に卒業すると同時に助手として採用されることに決まりましたが、オールトはそれを断り、アメリカのイェール大学に留学します。そこで星の位置を精密に測定する仕事を任されました。この仕事はそつなくこなしていましたが、理論志向のオールトにとっては、位置天文学の研究はあまり興味のもてるものではなかったようです。そこで当時のオランダ天文学会の指導的な地位にあったド・ジッターに相談したところ、ライデン天文台でちょうど助手のポストが空いたところであることを知らされ、25年に助手としてオランダに戻りました。しかし、アメリカでの経験は無駄ではありませんでした。それどころか、オールトはアメリカで、やがて自分の名を上げることになる研究の糸口をつかんでいたのです。

■銀河系と暗黒物質

オールトはアメリカで、地球から見て普通の星よりも速い速度で運動している「高速度星」と呼ばれる星に興味をひかれました。高速度星は先生のカプタインが研究していたこともあって、オールトもその種の星に関心をもっていたのです。

そこでオールトは、できるだけたくさんの高速度星を観測しました。その結果、太陽との相対速度が秒速63キロメートル以下の星はでたらめの方向に運動しているのに対して、それ以上の相対速度をもつ星の運動はとても奇妙なパターンを示すことに気がつきました。

わし座付近の高速度星はどれも太陽に近づいているのに対して、天球上でその反対側にあるおおいぬ座付近の高速度星はどれも太陽から遠ざかっていたのです。オールトは、この研究によって１９２６年に博士号をとりましたが、その現象の原因を明確に突き止めるまでには至りませんでした。当時、すでにシャプレーとカーチスが闘わせた、銀河の大きさについての論争、つまり「大論争」（P・18参照）が始まっていました。シャプレーは、「銀河系が宇宙全体であり、その大きさを直径30万光年、厚さ３万光年の円盤で太陽は銀河中心から約５万光年のところにある」こと、そして「アンドロメダ銀河のような渦巻銀河は銀河系の中の天体である」としました。これに対してカーチスは、「銀河系の大きさは直径３万光年以下で厚さは５０００光年程度であり、アンドロメダ銀河はわれわれの銀河系の外の天体で、宇宙には無数の銀河がある」としたのです。この論争の最終的な決着にはハッブルの登場を待たなければなりませんでしたが、オールトの研究もこれに絡んでいます。

１９２７年、スウェーデンの天文学者、ベルティル・リンドブラッド（Bertil Lindblad, 1895 - 1965）が「星は銀河中心のまわりを中心ほど速く回転している」という銀河回転のモデルを発表しました。この研究によってオールトは、自分の観測結果の意義に気が付きました。

つまりオールトは、「もしリンドブラッドのモデルが正しいとすると、太陽系近傍の星の運動が、ある簡単な公式で表されること、そしてその公式が観測結果を見事に説明するがこと」を示したのです。そして「銀河中心までの距離が約１万５０００光年、太陽付近での回転速度が秒速約２７０キロメートルである」という結果を得ることが出来ました。現在の値はそれぞれ、約２万６０００光年、秒速約２４０キロメートルです。オールトの得た答えは、銀河系の大きさに関してカーチスに近い結果を与えるものでした。

オールトの、太陽系近傍の恒星の運動の研究はこれだけにとどまりません。

オールトは、銀河面に垂直な方向の運動にも着目しました。この運動は、銀河面に垂直な方向の重力の強さを反映しています。重力が強ければ、その重力で潰れてしまわないように大きな速度で運動しなければならないのです。

したがって、速度をはかれば銀河面に垂直方向の重力の強さと、それをつくりだす質量の大きさが推定できるのです。このような質量の推定方法は、オールトの先生であるカプタインが１９２２年に指摘し、データを集めてもいました。カプタインはこの年に世を去っているので、オールトは先生の跡を継いだことになります。

オールトの計算の結果、推定された質量は電磁波を放射して輝いている天体すべてを合計した質量よりもはるかに多いことが判明しました。これは電磁波を放射していない質量が存在するということです。これは当時、「ミッシングマス問題（行方不明の質量問題）」と呼ばれました。

その後、１９３４年になってスイスの天文学者ツビッキー（Ｐ・１９３参照）は、この方法を恒星ではなく銀河に適用し、銀河団の中にもミッシングマスが存在することを示しました。この行方不明の質量は現在では「暗黒物質（またはダークマター）」と呼ばれ、銀河や銀河団など宇宙における構造ができるために不可欠の要素であることが分かっていますが、その正体はいまだに謎です。

これらの研究によってオールトはまたたく間に有名になり、アメリカのハーバード大学やコロンビア大学からの誘いがありましたが、オランダ、特にライデン観測所近辺の風景や気候が気に入っていた彼は最終的にオランダにとどまることにしたのです。その後、高速度星の観測をさらに進め、併せて星間ガスによる星からの光の吸収などの研究に没頭しました。そしてどんどん昇進し、１９３５年には教授になり、同じ年に国際天文連合の事務総長にも選出され48年まで務めました。

■オールトと「かに星雲」

ところで、天文ファンなら、平安時代の公家で歌人の藤原定家が著した『明月記』に、超新星の出現を物語る記述があるのを知っているでしょう。じっさい、『明月記』には１００６年と１０５４年の二つの超新星の記述があります。当時は、夜空に突然現れる天体を「客星」といっていました。超新星ばかりでなく、それより規模が小さな新星や彗星も客星です。

１０５４年の客星に関しては、「１０５４年５月下旬以降の深夜に新しい星が突然出現した。オリオン座の頭の部分や腰の三つ星の赤経で、おうし座ジータ星のそば、東の空に位置していた。明るさは木星ほどだった」とあります。定家は１１６２年の生まれなので、この記述は伝聞ですが、かの陰陽寮の統括者、安倍清明（あべのせいめい）（921 - 1005）一族による星の観察が基になっています。中国の歴史書『宋史（そうし）』の天文関係の章では、この客星に関してさらに詳しく、「23日間昼間でも見え、22か月後に消えた」とあります。

さて、この超新星とオールトには、浅からぬ関係がありました。１９３９年、オールトはアメリカ、テキサス大学オースティン校のマクドナルド天文台で過ごしますが、そこに「かに星雲」の膨張運動の詳しい測定をしているニコラ・U・メイヨール（Nicholas Ulrich Mayall, 1906 - 1993）という研究者がいました。

「かに星雲」が膨張していることは、20世紀に入り写真乾板が天体観測に使われるようになって分かりました。

メイヨールは、「かに星雲」内のいくつかの明るい部分のスペクトルをとってその運動を詳しく調べることで、「かに星雲」全体の膨張速度をより正確に測定して「かに星雲」の膨張が始まったのが1054年であることをつきとめました。これを知ったオールトは、かに星雲に興味をもち、さっそくライデン天文台時代の友人である中国研究者に中国と日本の古典をあたってほしいという手紙を送りました。その依頼を受けてその友人は、宋史の中に超新星の記述を見つけ、それによってオールトとメイヨールは「かに星雲」が『宋史』や『明月記』に観察の記録がある1054年の超新星爆発でできたことを明らかにしたのです。オールトは引き続き「かに星雲」への関心をもち続け、電波望遠鏡（後述）による観測で、「かに星雲」からの電磁波が偏光していることを発見、さらにはその事実から、その電磁波放射が磁場にまきついた電子が出す電波（シンクロトロン放射）であることも確かめています。

オールトがアメリカから帰国した直後、第二次世界大戦が始まり、1940年5月にナチスドイツがオランダを占領すると、オールトはドイツへの協力を拒んでライデン大学を辞任、家族とともにライデンから100キロメートルほど西に移ってしまいます。この間、オールトの給料はライデン天文台から支給されるわずかな額のほかはなく、かろうじて、アルバイトとして保険会社で働き、収入を得ていたそうです。また食糧を確保するため、みずから買い出しにも出かけていました。

■先見の明

このような困難な時期にもオールトは、来たるべき時代のための新たな天文学を準備していました。

それは、第二次世界大戦後の開花が見込まれた電波天文学でした。宇宙から電波がやってきていることは１９３１年にアメリカAT&T社のベル電話研究所（現在は、収益部門のみの研究機関としてノキア社の子会社）のカール・ジャンスキー（Karl Guthe Jansky, 1905 - 1950：P・２３３参照）が見出していました。そして第二次大戦中の40年、アメリカの電波天文学者グロート・レーバー（Grote Reber, 1911 - 2002：P・２３８参照）は自作のパラボラアンテナで天の川からの電波を受信していました。オールトは、電波による宇宙観測の重要性にいち早く気づき、弟子のヘンドリック・C・ファン・デ・フルスト（Hendrik Christoffel van de Hulst, 1918 - 2000）とともに星間空間にある水素ガスからの電波を受信できないか検討したのです。44年、ファン・デ・フルストは水素原子内の電子のスピンの向きが反転する際に波長21センチメートル、振動数１４２０メガヘルツの電波が放出される可能性を指摘しました。

第二次大戦後、オールトはライデン天文台長となり、波長21センチメートル電波を受信する装置の開発や電波望遠鏡の建設にのりだします。実験室が火事になるなどの不慮の事故で一番乗りは逃がしましたが、１９５１年、オランダ東部に設置された口径７・５メートルの電波望遠鏡によってこの電波の観測に成功しました。その後、56年にオランダ北部に口径25メートルの電波望遠鏡が完成し、これによって銀河系内での水素原子の分布が明らかになり、それが手がかりとなって、銀河系が渦巻銀河であることの発見につながりました。電波観測に関しては、このほかにも３キロパーセク雲と呼ばれる銀河中心から約３キロパーセク（１パーセクは約３・２６光年に当たる）の位置にある外向きに膨張している水素雲や、銀河面から離れた場所で高速度運動している水素雲を発見しています。この高速度雲の起源は現在でも完全には分かっていませんが、オールト自身は、「銀河ができたときに周辺にとり残された水素ガスが今になって銀河に引き寄せられて落ち込んでいるのがそれだ」と考えていました。

■オールトの雲

電波天文学を推進していたときとほぼ同じ時期、オールトは彗星の起源の問題に関心をもっていました。指導していた学生が取り組んでいたテーマが彗星だったことから、オールト自身も彗星に興味をもち、それまでに蓄積された彗星のデータから何かいえることがあるのではと考え始めたのです。

彗星のうち、ほぼ同じ周期で太陽の近くに戻ってくる周期彗星は、公転周期が200年以下のものかそれ以上のものかで、短周期彗星と長周期彗星とに分類されています。これらのうち短周期彗星の多くは、その軌道面が惑星軌道面（つまり黄道面）とほぼ同じで、公転の向きも惑星の運動方向と同じです。これに対して長周期彗星の軌道は横道面とは無関係で公転の向きもバラバラです。

多くの長周期彗星の軌道を詳細に検討した結果オールトは、すべての長周期彗星は大体5万天文単位（1天文単位は太陽と地球の平均距離約1億5000万キロメートル）から10万天文単位の領域に球殻状に広がる領域からやってくると推測しました。この彗星の巣ともいうべき領域は、現在「オールトの雲」、時には「オールト雲」と呼ばれています。

太陽系付近を通過する恒星、あるいは巨大星雲によってオールトの雲内の重力分布がわずかに変化し、それによって一部の天体が太陽方向に落下したのが長周期彗星というわけです。

観測ではオールト雲はまだ確認されていませんが、理論上は存在するものと考えられています。

オールト自身は、火星と木星の間に無数にある小惑星の一部が木星や土星の重力の影響によって太陽系の外に振り飛ばされたのがオールトの雲となったと考えましたが、この説では振り飛ばされる小惑星の数がそれほど多くなく、また木星の重力が強過ぎるため、さらに遠くまで飛んで行ってしまうと考えられています。そこで現在は、太陽系形成時に天王星や海王星付近でできた水、一酸化炭素、メタンなどの氷とチリを成分とする微惑星が、すでに大きく成長していた原始惑星の影響で太陽系の外へと振り飛ばされてできたと考えられています。

現在、太陽系以外の惑星探査が天文学の最先端の話題になっており、惑星系形成の観測と理論が大きく進んでいます。そのため、私たちの太陽系での惑星の形成過程も研究が進んでいて、その関係で「オールトの雲」にも注目が集まっています。彗星が冥王星軌道の外の天体からやってきたという、「オールトの雲」と似たような考えは、オールトより前の１９３２年に旧ロシア（今はエストニア）の天文学者エルンスト・エピックによっても提案されていることを付け加えておきましょう。ある問題に関して、無関係な複数の研究者が同時期に同じような解決に至ることはよくあることです。

■衰えぬ研究意欲

オールトは70歳の定年になるまでライデン天文台の台長を務めましたが、その後も80代中ごろまで毎日ライデン天文台に通い、観測データを蓄積して、自分が手がけた研究をさらに精密化したり銀河中心核や超銀河団など新しい研究分野にも挑戦し続け、学問への情熱は消えることがありませんでした。

オールトは一般の人が思い浮かべる学者のイメージそのままの、物静かで誠実な人柄で、すべての研究者から尊敬されていました。スケートが大好きで冬になるとしばしば凍った湖の上で遠足を楽しんだと言われています。数多くの賞に輝いていますが、1987年には賞金の額ではノーベル賞級といわれる京都賞を受賞しています。92年11月、オールトは悪性の風邪が原因で亡くなりました。白色矮星や中性子星の限界質量（その質量以上の質量をもった天体は存在できないという質量）の存在を理論的に発見したことでノーベル物理学賞（83年）を受賞した天体物理学者、チャンドラセカール（Subrahmanyan Chandrasekhar, 1910 - 1995：P・184参照））は、オールトの死を次のような言葉で悼んでいます。

「天文学の偉大な樫の木が倒れた。今や我われはその木陰の恩恵にあずかることが出来なくなった。」

◤ヤコブス・カプタイン◢

ヤコブス・カプタインは、オールトの研究人生に大きな影響を与えた人として、オールトを語る時に触れずに済ますことができません。

カプタインは1851年にオランダ南東部にある小都市、バルネフェルトに生まれ、68年、ユトレヒト大学に入学、数学と物理学を学びました。

卒業後3年間、天体観測を大学で最初に行った所として名高いライデン天文台で働いた後、78年、フローニンゲン大学の力学と天文学の初代教授となります。カプタインの天文学の講義は多くの学生を魅了し、その中にオールトもいました。カプタインは、研究面でもオールトに大きな影響を与えたのです。

カプタインは恒星の運動に着目し、１９９７年、１年に天球上を約８・７秒角運動する星を見つけています。現在、この星はカプタイン星と呼ばれ、このように大きな速度で移動する星は、本文にもある通り「高速度星」といいます。

またカプタインは、観測から比較的大きな速度をもつ恒星は太陽系に近づく方向とその反対方向を動く二つの組に分かれるという「二恒星流説」を唱え、オールトの研究の先駆けとなりました。

参考資料

・B. Franeker, Netherlands "*Oort, Jan Hendrick*"（Encyclopedia.com が運営するＷｅｂサ　１９９２年に収載の項目）

http://www.encyclopedia.com/people/science-and-technology/astronomy-biographies/jan-hendrik-oort

・Resources "*Oort, Jan Hendrik*"（Huygens ING が運営、提供するＷｅｂサイトの 'Resouces' ディレクトリーに設けられた、サービス、Biographical Dictionary of the Netherlands: 1880-2000 に収載された項目。〔本文はオランダ語のみで、英語への本文翻訳はまだない〕）

http://resources.huygens.knaw.nl/bwn1880-2000/lemmata/bwn5/oort

スブラマニアン・チャンドラセカール

人種差別を乗り越えた天才物理学者

▲スブラマニアン・チャンドラセカール／絵＝吉澤正［NASAのパブリックドメインの写真、https://apod.nasa.gov/apod/image/chandra_uc.gif を参考にスケッチ］

今日では、ブラックホールという言葉を知らない人はいないといっていいでしょう。事実、現代天文学では、宇宙のいたる所に大小さまざまなブラックホールが存在していることが知られています。しかし、ブラックホールが天文学の常識となるまでには、長い歳月と一人のインド出身天文学者の苦悩と苦闘がありました。その人の名はスブラマニアン・チャンドラセカール（Subrahmanyan Chandrasekhar, 1910 - 1995）。

■恵まれた家柄の出身

チャンドラセカールは１９１０年、インドとパキスタンにまたがるパンジャーブ地方の町ラホール（当時イギリス領、今日のパキスタン領）で上流階級バラモンの家系の長男として生まれました。一家は父と母、そして10人の子供という大家族で、父はインド鉄道省の役人、母はイプセンの『人形の家』をタミル語に翻訳した才媛という知的で教育熱心な一家でした。叔父には30年にラマン効果（物質にある波長の光を当てたとき、その散乱光の中に別の波長の光が含まれる現象）の発見でノーベル物理学賞をとったチャンドラセカール・ラマン（Sir Chandrasekhara Venkata Raman, 1888 - 1970）がいました。

チャンドラセカールは12歳まで学校に行かず、兄弟ともども両親と家庭教師から勉強の面倒をみてもらっていました。その後、ヒンズー教の高校に進学しますが、そのときの入試の成績は満点だったといいます。

１９１８年に父がマドラス（現在のチェンナイ）に転勤となり、チャンドラセカールも高校卒業後、25年にマドラス管区大学に進学。物理学を専攻します。大学３年生のとき、一学年下で後に結婚することになるラリタ・ドライスワミー（Lalitha Doraiswamy）と知り合っています。またこの年の夏、コルカタ大学で教授を務めていた叔父のラマンの実験の手伝いをする機会にも恵まれました。もっともチャンドラセカールはこのとき、実験が不得手であることを自覚し、やがては理論の分野に進む決意を固めたようです。

さらにラマンは、チャンドラセカールにエディントンの『恒星の内部構造』という本を与え、チャンドラセカールはそれによって天体物理学という分野に大いに魅了されました。

その年の秋、ドイツから数理物理学者でノーベル物理学賞受賞者W・ハイゼンベルク（Werner Karl Heisenberg, 1901 - 76）の先生のA・J・ゾンマーフェルト（Arnold Johannes Sommerfeld, 1868 - 1951）が当時できたばかりの量子力学の講義にやってきました。この講義の後、チャンドラセカールはゾンマーフェルトをホテルに訪ね、ゾンマーフェルトの教科書で量子論を学び、完全にマスターしたことを自慢気に話しました。ところがチャンドラセカールが量子論と思っていたのはいわゆる前期量子論と呼ばれるもので、自分がマスターした教科書はもう古く、前期量子論はまったく使い物にならないこと、そして、ヨーロッパではE・シュレーディンガー（Erwin Rudolf Josef Alexander Schrödinger, 1887 - 1961）、ハイゼンベルク、P・A・M・ディラック（Paul Adrien Maurice Dirac, 1902 - 1984）といった天才たちが完全な量子力学を作りあげていることを知らされました。

自分の知識の底の浅さを思い知らされたチャンドラセカールはのちに、このゾンマーフェルトとの出会いが「研究人生の中で最も重要な出来事だった」と述べています。しかしチャンドラセカールは只者ではありませんでした。ゾンマーフェルトの紹介してくれた論文をもとに量子力学を勉強し、18歳で処女論文「コンプトン散乱と新しい統計」をしたため、イギリスの雑誌に投稿、掲載されたのです。

■チャンドラセカールの限界質量の発見

1930年、インド政府から3年間の奨学金を得たチャンドラセカールは、イギリスのケンブリッジ大学トリニティーカレッジの大学院に進学します。ケンブリッジでの指導教官は、物理学者ポール・ディラックの指導教官だった統計力学の専門家、ラルフ・ハワード・ファウラー（Ralf Howard Fowler, 1889 - 1944）でした。ファウラーは、26年にディラックとともに、量子力学によって白色矮星の構造を明らかにした人でした。

白色矮星というのは太陽の８倍程度以下の恒星が進化の最後の段階に見せる姿です。すでにその中心部で核燃料を使い果たし、自分自身の重さを熱によって支えられなくなると星は潰れていきますが、潰れきってしまう前に、あることが起こります、それは、ある程度潰れるとその中の電子同士の間隔が非常に狭くなることに由来します。量子力学には、２個の電子は同じ状態を占めることはできないという「パウリの原理」と呼ばれる法則があります。電子同士がある程度以上近づき、互いのエネルギーも電子状態も区別がなくなりそうになる（このような状態を電子が縮退するという）と、この原理が働いて、お互いに反発するように激しく運動を始めるのです。この運動による圧力を「縮退圧」と呼びます。ファウラーは、白色矮星が縮退圧によって自分自身の重さを支えている小さな星であることを示したのです。質量が太陽程度もあるのに大きさが地球程度に過ぎませんから、その密度は1立方センチメートル当たりざっと1トン台にも達します。

そのようないきさつから１９３０年７月、マドラスからケンブリッジに向かう船上で、チャンドラセカールは、白色矮星の内部構造における相対性理論の影響について考えていたときに、ついでに縮退した電子の運動の速度を計算してみました、するとなんと、光速度の30％程度にも達するではありませんか。

このようなケースでは、特殊相対性理論の効果を無視することはできません。そこでチャンドセカールは特殊相対性理論を用いて縮退圧を計算してみました。すると縮退圧には限界があり、ある程度以上の質量を支えることができないという結論が出てきました。今日この質量は、「チャンドラセカールの限界質量」と呼ばれていて、回転などの影響がない場合は太陽質量の約１・４倍となります。

■人種差別に苦しむ

留学先のケンブリッジでチャンドラセカールはこの研究をさらに進め、星の限界質量の計算や恒星大気のモデルについて研究しますが、当時の天文学会の大御所エディントン（Ｐ・１６３参照）はまったく彼の研究を評価しませんでした。

さらに当時のイギリス社会にはびこる有色人種に対する差別的な風潮もチャンドラセカールにとっては悩みの種でした。そしてなにより、１９３１年、最愛の母がこの世を去りました。

これらの事情からこの時期、チャンドラセカールは精神的にかなり落ち込んでいました。

そこでまず、「チャンドラセカール限界」の研究でエディントンからの覚えがめでたくなかった件への対応としてチャンドラセカールは、当時の理論物理学のメッカであるゲッチンゲン大学やコペンハーゲンの研究所（のちのニールス・ボーア研究所）に滞在してほかの分野を目指そうとしました。しかし結局チャンドラセカールは、天体物理学に戻ってケンブリッジで博士号を取ることにしました。博士論文のテーマは白色矮星ではなく、星のような回転する自己重力流体の問題でした。

これらの研究によって、チャンドラセカールは研究員としてケンブリッジに残り研究を続けられるようになりました。これで、チャンドラセカールとエディントンとの確執が解消したかに思われがちですが、じっさいにはそうはいきませんでした。エディントンは相変わらずチャンドラセカールの研究を評価しておらず、1935年1月、王立天文学会の会合で対立は決定的となりました。

その会合でチャンドラセカールは、限界質量を超えた白色矮星は中心の一点にまで潰れてしまうということを発表しました。

直前までチャンドラセカールは知らなかったのですが、次の発表者はエディントンでした。そこでエディントンは、チャンドラセカールの結論がいかに馬鹿げているか、ということを力説しました。聴衆のほとんどはエディントンの側についたことから、チャンドラセカールは並み居る聴衆の前で大恥をかかされたと受け止めざる得ませんでした。

■新天地アメリカへ

ヨーロッパに見切りをつけたチャンドラセカールはハーバード大学からの誘いに応じて、アメリカにわたります。その後、シカゴ大学のヤーキス天文台から常勤の研究員の席の提供の話がありました。

ハーバード大学は任期3年の特別研究員としてチャンドラセカールを引き留めようとしましたが、チャンドラセカールはシカゴ大学の職が任期付きでなかったこともあり、その慰留を断り、シカゴに移りました。

チャンドセカールがアメリカに定住したことで、アメリカの天文学は大きく発展しました。個人的にもマドラス時代の恋人と結婚し、子供にこそ恵まれなかったものの、幸せな家庭生活を送ることができました。

研究の上では、チャンドラセカールは、天文学で重要な、物質中の電磁波によるエネルギー輸送（放射輸送）の問題、液体金属やプラズマなど、電気的・磁気的特性を帯びた流体（電磁流体）の安定性の問題、自己重力系（重力を及ぼし合う粒子（例えば天体）の分布によって全体の重力場が決まる対象のこと）が釣り合い状態にある時の形状を問う平衡形状の問題、一般相対性理論の近似的解の求め方、ブラックホールの摂動論による近似解の求め方など多くの分野を研究し、それぞれの分野で標準となる教科書をつくっています。

また１９５２年から71年まで、アメリカ天文学会の論文誌(The Astrophysical Journal)の編集長を務め、責任感の強いチャンドラセカールは、投稿された論文すべてにみずから目を通したといわれています。

そうしたチャンドラセカールの律義さを示す一つのエピソードを紹介しましょう。１９４８年から49年にかけての一学期間、たった二人の学生を教えるためにチャンドラセカールはヤーキス天文台からシカゴ大学に週２回通っていたということです。その二人とは、57年にパリティー保存則の破れの理論的研究によってノーベル賞を得たリー（李政道、Tsung-Dao Lee, 1926 - ）とヤン（楊振寧、Chen Ning Yang, 1922 - ）でした。のちにチャンドラセカールは「私のクラスの全員がノーベル賞をとった」と自慢していたそうです。

１９７４年、チャンドラセカールを心臓発作が襲いました。そして83年、チャンドラセカールの73歳の誕生日にノーベル物理学賞の知らせが届き、次いで95年、再び心臓発作がチャンドラセカールを見舞い、この発作がチャンドラセカールの人生にとどめを刺しました。

筆者は、個人的にチャンドラセカールと話を交わしたことはありませんが、１９８５年頃、アメリカ・ニューヨーク州にあるシラキュース大学で開かれた相対性理論の研究会で、基調講演を聞いたことがあります。当時、チャンドラセカールはブラックホールの振動の研究を終え、それに関する教科書を出版して間もないころでした。

研究会を主催したのは独自の量子重力理論を提案していたインドの天才物理学者アベー・アシュテカでした。同じインド出身者でもあり、ブラックホールの研究をしていたこともあってアシュテカはチャンドラセカールを招待したのでしょう。しかし開口一番チャンドラセカールが発した言葉は、「私を選ぶべきではなかった。ブラックホールの研究はもう終わったことで、もっと新しいことをやっている人を選ぶべきだった」というものでした。学問に対して厳しい人だという印象をより一層強くしたものでした。

参考資料：

・"Subramanyan Chandrasekhar-Biographical," (Nobel Media AB が運営するWebサイト、

Nobelprize.org に掲載の１９８３年ノーベル物理学賞受賞者発表の広報ページ）

http://www.nobelprize.org/nobel_prizes/physics/laureates/1983/

- "*Chandrasekhar, Subrahmanyan,*"（Encyclopedia.com が運営するＷｅｂサイト、ENCYCLOPEDIA. com 中、Charles Scribner's Sons が提供する Complete Dictionary of ScientificBiography に２００８年収載の項目）

http://www.encyclopedia.com/topic/Subrahmanyan_Chandrasekhar.aspx

フリッツ・ツビッキー

並外れたアイデアマンは、天文界の〝けんか犬〟

▲フリッツ・ツビッキー／絵＝ヤマドリチヒロ［https://en.wikipedia.org/wiki/Fritz_Zwicky#/media/File:Fritz_Zwicky.png を参考にスケッチ］

独特の宇宙創生のモデルを提案したジョルジュ・ルメートル（P・96参照）など、本書で紹介した人たちの中には、あまり知られていない研究者も多いかもしれませんが、ここでは天文に詳しい人なら誰でも知っている人をとりあげてみましょう。中性子星や暗黒物質の予言者でありながら、誰からも嫌われていたフリッツ・ツビッキー（Fritz Zwicky, 1898 - 1974）です。

ツビッキーは１８９８年、スイス人の事業家の父とチェコ人の母のもとブルガリアで３人兄弟の長男として生まれました。６歳のとき、スイスの小学校に入学するため両親は彼をスイスにいる祖父のもとに送りました。父親は彼に商売を習わせたかったようですが、ツビッキーはすぐに科学に興味をもち、そして父親を説得して16歳でチューリッヒの連邦工科大学に進みます。そこで数学と実験物理学へと方向を変え、１９２２年、24歳でイオン結晶の研究で博士号をとります。３年後（25年）、結晶構造の研究のためアメリカに移住し、カルテック（＝カリフォルニア工科大学）に職を得ます。

当時、カルテックには電子の比電荷の測定で有名な実験物理学者、ミリカン（Robert Andrews Millikan, 1868 - 1953）がいました。しかしそのころ、シャプレーによって銀河系の構造が明らかにされ、またハッブルによってアンドロメダ銀河が我われの天の川銀河の外の天体で天の川銀河と同等の恒星の大集団であることが分かるなど、宇宙に対する私たちの理解が大きく進んでいました。それをまじかに見たツビッキーは、すぐに宇宙の研究に興味をひかれました。そして29年、ハッブルが遠方の銀河ほど大きな速度で遠ざかっているというハッブルの法則を発見すると、ツビッキーはそれを、宇宙膨張の結果であるとは考えずに、光が長い距離を走っている間にほかの粒子や光子とぶつかりエネルギーを失うためと考えたのです。ツビッキーは、この考えを「tired light（くたびれた光）」という言葉で言い表しました。この考えでは、遠くの銀河のイメージほど必ずぼやけているはずですが、現実の宇宙ではそういうことは観測されていません。またこの考えでは方向による赤方偏移（Ｐ・37参照）の違いもあるはずですが、それも観測されていません。ということで現在では「tired light」の考えは否定されています。「tired light」の提案は失敗に終わりましたが、ツビッキーはそれを補って余りある提案をしています。

ツビッキーは宇宙線の起源に興味をもっていました。宇宙線とは宇宙空間を飛び回っている電荷をもった粒子（主に陽子）ですが、ツビッキーは特に宇宙のかなたからやってくる超高エネルギーの宇宙線の起源を考えたのです。そして１９３１年、当時の常識では考えられなかった提案をしました。粒子を超高エネルギーにまで加速するには、従来想定されていなかった爆発現象が必要で、重たい星が一生の最後に起こす大爆発こそがその爆発現象だろうと考え、その大爆発を「超新星」と名付けたのです。

それまで星の表面の小規模の爆発現象である「新星」という概念は知られていましたが、星そのものが噴き飛ぶような爆発は知られていませんでした。ちょうどその頃、ドイツからアメリカに移住してきたばかりのウォルター・バーデ（Wilhelm Heinrich Walter Baade, 1893 - 1960）は、４００年ほど前にチコ・ブラーエによって超新星らしき現象が発見されていたことなど、歴史上の超新星とおぼしきできごとの事例を知っていたことから、ツビッキーはバーデと一緒に研究を始めました。そして33年、超新星爆発によって宇宙線が発生し、爆発後の中心部には非常に圧縮された中性子の塊（かたまり）ができる、という提案をおこなうに至りました。彼らはこの中性子の塊を「中性子星」と名付けました。原子核の構成要素である中性子は、その前年に発見されたばかりで、一人の天才物理学者を除いて誰ひとり、それからできた星があるとは想像もできませんでした。その一人とは、旧ソ連のノーベル物理学賞受賞者、Ｌ・Ｄ・ランダウ（Lev Davidovich Landau, 1908 - 68）でした。しかしランダウは、中性子星の存在の可能性に触れただけで、それ以上深く突っ込んで研究したわけではありません。多くの研究者が中性子星の存在を認めるようになったのは、39年、アメリカの物理学者Ｊ・ロバート・オッペンハイマー（Julius

Robert Oppenheimer, 1904 - 67）たちが中性子星の構造を詳しく調べてからのことでした。

さらにツビッキーは１９３３年、宇宙論にとって重要な研究をしています。今日では存在が当たり前と考えられている「暗黒物質」のアイデアに至る研究です。

春の星座である「しし座」と「うしかい座」に挟まれて目立たない暗い星がいくつかあります。それが「かみのけ座」です。かみのけ座方向には銀河が多数あることが知られていて銀河の群れ「銀河団」をつくっていると考えられていました。

ツビッキーは最初、かみのけ座銀河団の重さを測ろうと考えました。多数の銀河が群れているので、銀河同士はお互いの重力で引きつけられてだんだんと距離を縮め、銀河団はだんだんと小さくなっていくはずです。ところが、じっさいにはそうなっていません。そうなっていないのは、個々の構成銀河が猛烈な速度で運動しているからです。銀河のこのような運動が重力とバランスして銀河団は潰（つぶ）れずに存在できるのです。このことは、銀河の運動を測れば重力の強さが分かるということを意味しています。重力が分かれば、古典力学を使った議論から質量が分かります。

こうしてツビッキーは、かみのけ座銀河団のメンバー銀河の速度を調べました。その結果は意外なものでした。銀河の速さは銀河団を飛び出すほどに速過ぎたのです。そこでツビッキーは、求めた速度を基にメンバー銀河を銀河団にとどめておくのに必要な質量がいくらかを計算してみました。すると、銀河として存在している質量以外にその４００倍ほどの質量が必要だ、という結論に至りました。この、光を出していない質量は当時、「行方不明の質量」と呼ばれていましたが、現在では「暗黒物質」と呼ばれています。現在、宇宙の中で銀河、銀河団などの構造をつくるためには暗黒物質の重力が基本的に重要な役割を果たしていると考えられています。

超新星や暗黒物質の提案後、ツビッキーはこれらの提案を検証するために多くの銀河を観測する必要に迫られます。というのは超新星が天の川銀河の中で起こる確率は１００年に１回程度ですが、１００個の銀河を観測すれば１年に１回程度、１０００個の銀河を観測すれば１年に10回程度も観測されるでしょう。また天球上の銀河の分布を調べると銀河団を見つけることができ、かみのけ座銀河団でおこなったように暗黒物質の証拠をつかめるかもしれません。こうしてツビッキーとバーデは、当時のウィルソン山天文台の台長ヘール（George Ellery Hale, 1868 - 1938）を説得して１９３５年、18インチ・シュミットカメラを設置します。シュミットカメラは、広い視野をもち比較的短い時間で暗い天体まで撮像（写真を撮るということを天文学では撮像といいます）できるのが特徴です。ツビッキーはこのシュミットカメラを使って３年間で12個の超新星を発見することができました。さらにその成功は、パロマー山天文台への48インチ・シュミットカメラの設置にもつながりました。

ツビッキーは、この48インチのシュミットカメラを駆使し、何十万という銀河を撮像し、銀河のカタログ作りを始めます。これによって銀河の形態の研究が進み、また北天球上の銀河の分布が知られるようになったのです。その結果、天球上で銀河は一様に分布しているわけではなく、群れを作っていることが分かりました。この銀河の群れのことを「銀河団」と呼びました。

ただし、ツビッキーが観測した銀河の群れは、同じ方向に銀河が多いという意味で、距離についての情報はありませんでした。というのは銀河までの距離を測るには、銀河からの光を波長別に分け、つまり分光して、スペクトルをとらなければなりません。次のような手法です。

スペクトルの中には特に輝いている、あるいは暗い、波長の部分があります。それぞれ輝線、吸収線といいますが、それらはそれぞれ、銀河に存在している元素が放射、あるいは吸収した光を意味しています。それぞれの元素が静止している場合、それらが発する光のスペクトルには元素特有の波長の輝線、吸収線が認められます。

また、光を発する天体（光源）が観測者から遠ざかる速度が高ければ高いほど、その光のスペクトルの輝線、吸収線の波長は、光源が静止している場合に較べ、長波長側に余計にずれることが分かっています（この赤方偏移は宇宙の膨張によるものでドップラー効果とは違います。両者が一致するのは速度が高速度に較べて十分小さい場合だけです）。そこで、静止光源からの光の輝線、吸収線の波長と、実際に急速に運動している天体から来る光のスペクトル中の対応する輝線、吸収線の波長を比べるのです。

天体の赤方偏移の原因は、宇宙膨張で遠方の銀河ほど速い速度で遠ざかっていることにあります。こうして分光観測をして赤方偏移を測れば、その銀河がどれほど遠いのかが分かることになります。

しかし遠方銀河から受け取る光は非常に淡く、分光に長い時間がかかり、ツビッキーが銀河団の研究をしている当時はまだ、近くの銀河についてしか分光できませんでした。（それでも銀河団という宇宙の新しい構造の存在は確からしくなりましたが……。）個々の銀河の正確な赤方偏移を測り宇宙の中での銀河の三次元的な分布が明らかになるのは、１９８０年代に入ってからのことです。

これらの業績によって１９４２年、ツビッキーは44歳でカルテックの天体物理学の教授に任命されます。また第二次世界大戦中にはジェットエンジンやロケットの研究でアメリカ空軍に貢献し、それによって49年、大統領自由勲章を受章しています。また戦後、アメリカ空軍は日本とドイツに戦時中のジェット機研究の調査のための調査隊を送りましたが、ツビッキーはその調査隊の隊長も務めました。

ツビッキーは戦後も継続して超新星の探査、銀河のカタログづくりを行い、１２０以上もの超新星を発見しました。また１９６１年から68年にかけて、銀河や銀河団の全６巻もの膨大なカタログを出版し、71年にはみかけの大きさは小さいにもかかわらず非常に明るい銀河である「コンパクト銀河」のカタログもつくっています。68年にカルテックを退職して名誉教授になり、72年、イギリス王立天文学会ゴールドメダルを受賞。その２年後、カリフォルニア州パサデナで亡くなり、スイスに葬られました。

■ツビッキーの人となり

ツビッキーは、その業績以外の方面でも名を馳せています。それは彼の性格です。つまり、非常に攻撃的で誰とも折り合い悪かったのです。たとえばほかの研究者に罵詈雑言を浴びせるのは日常で、本の序文にまで研究者の名前を挙げ、(研究業績の)「泥棒」とか「偉ぶっている」などと書き添えています。超新星の研究を一緒におこなったバーデに対してすら第二次世界大戦が始まると、「ナチ」呼ばわりしたそうです。もちろんバーデはナチではありません。とかくツビッキーは、自分の意に沿わない人はあることないことを挙げて攻撃したのです。バーデは、「ツビッキーに殺される」とまで感じたようです。

もっとも、学生やサポート要員、事務のスタッフなど競争相手とは見なさなかった人たちには親切だったと言います。またツビッキーは、戦中、戦後に敗戦国に膨大な数の図書を送ったり、戦争孤児への援助を惜しまずおこなったりする一面ももっていたと伝えられています。研究面以外では温かい心をもった人だったようです。

ツビッキーは、研究者としては天文学とは全く違う分野からスタートしましたが、超新星、暗黒物質など当時の天文学者が思いもつかなかった突飛とさえ言えるアイデアをいくつも天文学に取り込み、後年の天文学に大きな影響を与えました。これらアイデアの中には、太陽系の惑星の軌道を変えて人間が住みやすい惑星に改造するとか、太陽系そのものを宇宙船にしてほかの恒星へ旅行するなど、まるでＳＦのようなものもありました。アイデアといい人格といい、ツビッキーは空前絶後の変わり種天文学者というべきでしょう。

参考資料

・Norbert. Straumann "Fritz Zwicky: An Extraordinary Astrophysicist"（スイス物理学会が運営するＷｅｂサイトの History of Physics ディレクトリーに２０１３年に収載の項目）
http://www.sps.ch/en/articles/history-of-physics/fritz-zwicky-an-extraordinary-astrophysicist-6/

マーテン・シュミット

クエーサー発見で一般相対論に息を吹きかえらせた人

ここでは、今も存命の天文学者をとりあげましょう。オランダ出身のマーテン・シュミット（Maarten Schmidt, 1929 - ）です。

シュミットは、クエーサーと呼ばれる天体の正体（とはいっても、その正体の詳細はいまだに謎ですが……）を発見した人として有名です。この発見は、天文学にとって極めて重要であるばかりか、それまでほとんどの研究者から無視されていたアインシュタインによる重力理論、「一般相対性理論」を蘇

▲マーテン・シュミット／絵＝吉澤正［http://pds.exblog.jp/pds/1/201303/20/69/c0194469_5444457.jpg を参考にスケッチ］

らせ、天文学のひのき舞台に押し上げることになりました。今回はシュミットの経歴ばかりでなく、クエーサーとは何なのか、一般相対性理論との関係についても紹介しましょう。

マーテン・シュミットは１９２９年、オランダのフローニンゲンで二人兄弟の弟として生まれました。教育熱心な一家で、兄も学問の道に進みオランダ中世史の研究者になっています。

シュミット一家はフローニンゲンで１９４８年まですごしますが、40年から５年間、フローニンゲンはドイツ軍の占領下にありました。その間は空襲のたびごとに夜は明かりを外に漏らさない、いわゆる灯火管制がしかれ、真っ暗でしたが、空襲がない夜は、シュミットはよく父につれられて散歩をしたそうです。後年、「そのときの夜空の美しさが、私が天文を志すきっかけになった」と述べています。

シュミットの天文への興味がいっそうかきたてられる出来事がありました。１９４２年の夏にアムステルダム近くのアマチュア天文家の叔父を訪ねたときのことです。シュミットの訪問のおり、ちょうど月によって星が隠される星食があって、叔父さんは望遠鏡でそれを見せてくれたのです。

その体験に興奮したシュミットは、フローニンゲンにもどるとすぐ、祖父の作業場にあったレンズで望遠鏡をつくったということです。

戦後、高校に戻ったシュミットは、１９４６年にフローニンゲン大学に入学しました。大学でのシュミットは、物理、数学、天文学を勉強しています。

フローニンゲン大学を卒業した後、ライデン天文台の助手に採用されたシュミットは、発する光の強さが時間とともに変化する星、つまり変光星の観測に従事しました。

兵役を間にはさんだ時期、ヤン・オールト（P・172参照）を手伝って彗星の明るさの変化を観測するというのがその仕事でした。この彗星研究はやがて、太陽系を大きく取り囲む彗星の巣「オールトの雲」の予想へとつながることになります。

その後、シュミットはオールトの主導する、水素原子が出す波長21センチメートルの電波の観測に取り組みました。この研究は銀河系の渦巻構造の発見につながり、1956年、この研究でシュミットには、博士号が与えられました。

余談ですが、オールトが指導した学生には波長21センチメートルの電波の存在を予言したヴァン・デ・フルスト（H. C. van de Hulst, 1918 - 2000）やシュミットといった優れた業績をあげた研究者がいました。オールトが、自身の研究ばかりでなく教育者としても傑出していたことの証拠といえましょう。

この研究でシュミットは名前が知れ渡り、オールトに伴ってアメリカを訪れ、方々の大学でセミナーをすることになりました。このアメリカ訪問でシュミットは、ヨーロッパに比べてアメリカのほうが研究者への待遇がよいことにかなり心を動かされました。すでに結婚していて子供をもうけていたこともあり、ヨーロッパの給与の低さに失望していたシュミットは1959年、カリフォルニア工科大学に移る決心を固めました。

当時アメリカは、給与ばかりでなく研究環境、観測機器にも恵まれていました。特に当時世界最大だったパロマー山天文台の５メートル望遠鏡で観測できたことで、シュミットは、アンドロメダ銀河での星の生成などの研究をおこなうことができました。

当時、天文学は電波天文学の隆盛期にあたり、多くの電波源が発見されて、可視光で電波源に対応する天体を探す観測も行われていました（多波長観測の走り）。シュミットもこの電波領域での観測に興味をいだき、電波源に対応する天体を探す観測を始めました。1960年までには、数百個の電波源が観測されていましたが、それに対応する、可視光を放つ天体は観測されていませんでした。可視光で観測できれば、その光を分光し、スペクトルを詳しく調べることで天体の正体を突き止めることができるのです。

しかし1960年、電波源の中で3C48（ケンブリッジ大学〔C〕が作った電波天体の3番目のカタログの48番目の天体という意味）に対応する可視光天体がアラン・サンデージ（Allan Rex Sandage, 1926 - 2010）によってついに発見されたのです。それは一見すると暗い青い星に見えました。そのスペクトルを調べれば正体が分かると思っていた天文学者の期待は無惨にも裏切られることになりました。というのは、この天体のスペクトルは、それまで知られていたどんな天体とも違うものだったからでした。さらにその明るさも1ヵ月程度の周期で変化していたのです。

その後もこのような天体がいくつか発見され、恒星そのものかどうかは分からないが恒星に非常によく似た天体という意味で、「準恒星状天体（クエーサー）」と呼ばれるようになりました。続いて1962年に入り、天体が月に隠れる現象によってクエーサー3C273の位置が正確に決定され、そこに13等級の星が発見されました。しかもその星からごく淡いジェットが噴き出す現象まで認められました。62年12月、シュミットはこの星からの光のスペクトルをとりましたが、やはりこれまで見たこともない、風変わりなスペクトルで謎は深まるばかりでした。

シュミットは、このスペクトルを何度もしげしげと眺めていました。そして数週間たったある日、スペクトルの中の４本の輝線の配置が水素に特有のもので、それが本来観測される波長よりも16％、長いほうにずれている（赤方偏移している）ことに気がついたのです。

この解釈を確かめるためシュミットは、同僚だったＪ・Ｌ・グリーンスタイン（Jesse Leonard Greenstein, 1909 - 2002）と、３Ｃ４８のスペクトルを確かめることにしました。するとやはり波長が37％、長いほうにずれた所に、同じような配置の輝線が見つかったのです。

スペクトルが長いほうにずれるということは、天体が私たちから遠ざかっていることを意味します。しかも、いま見たような、輝線の波長の長い方への大きなずれです。このような大きな赤方偏移を示す天体は光速度のほぼ16％（３Ｃ２７３の場合）、あるいは37％（３Ｃ４８の場合）という速度で遠ざかっていなければならないということです（ただし、これらは正確な値ではありません。そもそも赤方偏移がこの程度の大きさになると、速度との対応は余り意味をもたなくなります）。そのためには、私たちから、３Ｃ２７３では約22億光年、３Ｃ４８では約47億光年もの距離になければならないのです。これはにわかには受け入れがたいことでした。それが事実であるとすれば、３Ｃ４８も３Ｃ２７３もそのような距離にある通常の銀河に比べて１００倍程度明るいとしなければなりません。

さらに、たとえば３Ｃ４８は１ヵ月程度で変光しますが、このことは普通の銀河の１００倍ものエネルギーが１光月（光が１ヵ月で進む距離）程度の大きさの領域から放出されていることを意味します。当時の天文学の常識に照らせばそんなことは考えられませんでした。この常識は１９６９年になって、一般相対性理論が存在を予言するブラックホールによって打ち破られることになります。

それからというもの、シュミットはクエーサーの観測を続け、１９６５年には赤方偏移２、距離にして１０４億光年という、当時では最遠の天体を発見するに至ります。

クエーサーに関しては電波源として発見されましたが、中には電波が非常に弱かったり、電波を出さなかったりするものも観測されています。現在まで、クエーサーは10万個以上発見されており、赤方偏移が7を超える（距離にして約１２９億光年かなたの）ものも発見されています。

■クエーサーの発見の意義とその正体

いま見たとおり、１光月にも満たない小さな領域から銀河が放出するエネルギー量の１００倍ものエネルギーを作り出すメカニズムは、発見当初は全く不明でした。しかし莫大なエネルギーを放出するためには莫大な質量が必要であり、それが小さな領域に閉じ込められているということは必然的に一般相対性理論を必要とする状況であることは明らかでした。こうして天文学者の目は一般相対性理論へと注がれることになりました。それまでは、「あのアインシュタインがつくった理論だから正しいのかもしれないが、宇宙の中にその理論が当てはまる天体があるとも思えない」と考えられていました。言い換えれば、一般相対性理論は机上の空論のような扱いを受けていたわけです。

クエーサーの発見を機に、一般相対性理論をめぐる雰囲気は変わり始めました。１９６４年には、現在の宇宙をくまなく満たしている「宇宙マイクロ波背景放射」が発見されます。この放射は、ガモフ（P・112参照）らが「ビッグバン理論」を基にその存在を予言した原初の火の玉状態の宇宙のなごりです。そして67年にパルサーが発見されます。パルサーの正体は高速回転する中性子星です。ビッグバン理論も、超高密度、超大質量の中性子星も一般相対性理論でなくては扱えない代物です。こうした一連のできごとによって、一般相対性理論は天文学のひのき舞台に躍り出たのです。

現在、クエーサーの正体は、太陽質量の何億倍、何十億倍もの超巨大ブラックホールを取り巻く高速回転円盤（降着円盤と呼ばれる）だと考えられています。

ブラックホールは、もちろん一般相対性理論の産物です。この超巨大ブラックホール周りの降着円盤は、主に核外電子がはぎ取られた（つまり電離した）水素ガスやヘリウムガスからできていて、内側に行くほど、遠心力がブラックホールの強い重力と釣り合うよう高速で回転しています。そして、ガス同士の摩擦のために内側ほど超高温になっており、温度に対応する波長の電磁波（＝黒体放射）を放射しています。このメカニズムでは、物質の静止質量の50％程度がエネルギーとして開放され、核融合反応の場合の0・707％に比べて格段に効率が良いことが分かっています。これがクエーサーの主なエネルギー源になっているのです。

結局は、ブラックホールの強力な重力が、クエーサーの活動源ということができます。だんだん内側に落ちていったガスは最終的には一部がブラックホールに落ち込み、また他の一部はブラックホールの回転軸に沿ってほぼ光速度で噴き出し、長さ10光年を超えるような壮大なジェットを形づくります。

現在では、すべての銀河の中心部にはブラックホールが存在し、銀河が形成される過程で中心領域に大量の物質が存在していたときには、次から次へと物質が中心に向けて落ち込んでいき、降着円盤を作って、クエーサーとして猛烈に輝いていた時期があった、と考えられています。クエーサーは宇宙初期の銀河形成にとって非常に重要な役割を果たしているとよくいわれますが、その背景には以上のような事情があったのです。

シュミットは、クエーサーの研究によって１９６８年、カール・シュヴァルツシルト・メダル、80年には、イギリス王立天文学会ゴールドメダル、92年、ブルース・メダル、そして２００８年にはカブリ賞を受賞しています。

研究面では１９８０年代中ごろからＸ線天文学、90年代初めからガンマ線天文学と常に時代の中心的なテーマで研究を続け、現在に至っています。

参考資料

- "*Maarten Schmidt*"（Ｗｅｂサイト、phys-astro.sonoma.com 中、Bruce Medal 受賞者紹介欄の記事）
  http://www.phys-astro.sonoma.edu/brucemedalists/schmidt/index.html
- M. Shmidt "*Maarten Shmidt – Kavli Prize,*"（カブリ財団運営のＷｅｂサイト、kavliprize.org の、M. Shmidt 紹介ＨＰに２００８年にリンクを張られた自伝ＰＤＦファイル）
  http://www.kavliprize.org/sites/default/files/Schmidt_autobiography.pdf

ドナルド・リンデンベル

クエーサーの〝メインエンジン〟の秘密に迫る

▲ドナルド・リンデンベル／絵＝吉澤正［http://masayukikawate.blogspot.jp/を参考にスケッチ］

１９６３年、私たちの銀河系が全体として出しているエネルギーの１００倍ものエネルギーが、宇宙のはるかかなたの、銀河系よりもはるかに小さく星のような点にしかみえない領域からやって来ているのが発見されました。

クエーサー（日本語で「準恒星状天体」と訳される英語の頭文字からとった名前）の発見です。この不思議な天体のエネルギー源の正体を暴（あば）き、銀河中心には巨大なブラックホールが存在することを示したのは、イギリスの天体物理学者、ドナルド・リンデンベル（Donald Lynden-Bell, 1935 - ）でした。

リンデンベルは１９３５年４月、職業軍人を父としてケント州ドーバーに生まれました。代々軍人の家系で、父は軍人として中東やインドにも勤務していましたが、芸術や科学にも深い造詣をもっていました。曽祖父は天文学者ハーシェル（Sir Frederick William Herschel, 1738 - 1822）の一家と友人で、その縁で真鍮製の口径３・５インチ（約９センチメートル）の望遠鏡を孫だったリンデンベルの父に買い与えました。リンデンベルは幼いころ、その望遠鏡で月や木星や火星を見ていましたが、最も興味をひいたのが銀河だったといいます。口径９センチメートル程度の望遠鏡ではほとんどの銀河は淡い光のシミのようにしか見えませんが、当時の大望遠鏡で撮られた銀河の写真を見て想像の翼を広げていったようです。

■「マッハの原理」に心引かれ

リンデンベルは、イングランドのサマセットにあり温泉で有名なバース近くの学校で、非常に優秀な数学教師とめぐりあいました。そしてその教師の指導で、数学の面白さにひかれていきました。またその学校には、エドモンド・ヒラリー（Sir Edmund Percival Hillary, 1919 - 2008）が人類初の登頂に成功したエベレスト探検隊に参加した教師もいて、リンデンベルにロッククライミングの手ほどきをしてくれたばかりでなく、宇宙と星の教科書を貸してくれたりもしました。

１９５３年、リンデンベルはケンブリッジ大学で二番目に古いクレア・カレッジに入学し、登山と天文の同好会に入りました。２年生の時の教師が、後に電磁気力と弱い力の統一理論でノーベル物理学賞をとるアブドゥス・サラム（Abdus Salam, 1926 - 96）だったところを見ると、このカレッジにもよい教師がそろっていたと思われます。しかし同時に、それを十分に受け止める素養がリンデンベルに具（そな）わっていたのでしょう。4年生の時、リンデンベルは数学の優等試験で優秀な成績をおさめ、大学院で研究をする権利と奨学金を得ました。

４年生で書いた卒業エッセイには、当時読んでいた宇宙論の教科書に影響され、「マッハの原理」を取り上げました。この原理は、19世紀のオーストリアの物理学者、哲学者のエルンスト・マッハ（Ernst Waldfried Josef Wenzel Mach, 1838 - 1916）が提唱した考え方です。いろいろな言い方がありますが、リンデンベルが取りあげたのは、「慣性系はどのようにして決まるか」という問題でした。たとえばクルマに乗っていてブレーキをかけると体が前にもっていかれるような「力」を感じます。これはじつは本当の力ではなく、クルマが運動状態を変えたことによって現れる「みかけの力」です。慣性系というのはこのようなみかけの力が現れない状態のことを言います。

物理学の父ニュートンは、慣性系の存在を基礎に力学を作り上げました。そして慣性系はそれ自体で存在するもので初めからその存在を当たり前としました。

マッハは、「宇宙に絶対的なものはなく、すべてのものは別のものとの相対的な関係で決まる」と考えました。具体的には、「慣性系は宇宙のすべての物体が全体として静止して見える状態」と考えたのです。リンデンベルは、実際に地球が止まっていて宇宙全体が回転しているとした場合に、地球上で運動している物体にどんな力がかかるか、を計算してみました。

計算の結果、宇宙全体が回転している場合はある種の「見かけの力」が現れるため慣性系にならないというものでした。この意味でマッハの原理は何らかの真実を含んでいるという確信がもてたのでした。研究者にとって最初に考えた問題はいつまでも心に残るとみえ、リンデンベルはその後終生、マッハの原理について研究を止めることはありませんでした。

■充実したグリニッジ天文台時代

大学院時代のリンデンベルは、磁場をもった流体（磁気流体力学）や銀河のような多数の恒星がつくる重力場の中で、個々の恒星がどのような運動をするか、という問題（恒星系力学）を勉強し、恒星系力学に関する研究で1960年に博士号を取りました。そして奨学金を得てアメリカのウィルソン山天文台、パロマー山天文台で研究し、のちにクエーサーを発見するマーテン・シュミット（Martin Schmitt, 1978 - ：P・201参照）や暗黒物質の提唱者フリッツ・ツビッキー（P・193参照）、アメリカの代表的な観測家アラン・サンデージ（Allan Rex Sandage, 1926 - 2010）らと知り合いになりました。

特にサンデージとの出会いは、研究面でリンデンベルに大きな影響をもたらし、二人は共同研究の成果として、銀河の形成と、それにつれて銀河を構成する星の化学組成が変化していくことを指摘した論文を書いています。これらの論文は、リンデンベルの代表的論文の一つとなりました。ここで指摘された銀河の化学進化は、現在、銀河研究の重要な分野になっています。1961年にケンブリッジ大学で化学の博士号を取ったばかりのルース・マリオンと結婚し、新婚旅行を兼ねてアメリカ大陸を横断しチャンドラセカール（P・184参照）がいたシカゴ近郊のヤーキス天文台に暫く滞在した後、ケンブリッジ大学クレア・カレッジの数理研究所の所長として母校である同大学に戻りました。しかしその職は研究職とはいうものの管理職でもあり教育の義務もあって多忙を極めました。研究に専念したいという希望からリンデンベルは、65年にグリニッジ天文台へ移りました。

1972年に再びケンブリッジに戻るまでの7年間、リンデンベル自身最も重要な研究ができたと振り返っているように、銀河の渦巻構造、恒星系力学、クエーサーのエネルギー源、銀河中心、重力熱力学などいくつもの重要な論文を発表しています。中でも有名なのは、クエーサーのエネルギー源が巨大ブラックホールの周りの降着円盤であることを示した研究と、銀河中心に巨大ブラックホールが存在することの提案に至った研究でした。

これらの研究は、リンデンベルがアメリカにいた頃に銀河について多くを学んだことから始まりました。アメリカに行く前には、リンデンベルは銀河に中心核があることすら知らず、パロマー山天文台の200インチ（＝約5メートル）望遠鏡の主焦点で、M81（ボーデの銀河とも呼ばれる）の中心核を見せてもらったり、電波天文学者から銀河の電波観測の結果についても多くを教わったということです。

1963年にマーテン・シュミットによってクエーサーがはるかかなたの天体であることが判明し、また当時の観測では、クエーサーが銀河団の中に発見されなかったことから、クエーサーは銀河とは関係がなく、さらには、宇宙はビッグバンで一斉に始まったのではなく、ところどころで小さなビッグバンが起こっているのではないか、とまで考えられました。

クエーサーから放出されるエネルギーを重力エネルギーでまかなうためには、太陽質量の１０００万倍から10億倍程度の質量が必要で、かつクエーサーの光度変化の間隔が短く、その大きさは非常に小さいことからリンデンベルは、１９６９年、「クエーサーのエネルギー源は巨大ブラックホールに物質が落ち込んで、その周りに作った円盤（降着円盤）である」という説を提案します。ブラックホールの周りにできた降着円盤は、ブラックホールに近い部分ほど高速で回転するため、外側の部分との摩擦で何千万度という高温になりＸ線やガンマ線を大量に放射するというわけです。また、クエーサーの数は赤方偏移２に対応する時代（今から約１０５億年前）が最も多く、現在に近づくにつれ数が減少してくることが観測されていました。クエーサーは特別の銀河ではなく普通の銀河でも中心部に大量にガスがある状況になると必ず起こる現象であると考え、リンデンベルは「現在の銀河の中心にも活動を終えた巨大ブラックホールが生き残っているはずだ」という予言もしました。

■日本人研究者に受け継がれたクエーサー研究

この研究は相対論研究者からは歓迎されましたが、多くの天文学者からは疑いの目をもって受け止められました。そこでリンデンベルたちは、銀河中心ブラックホールの観測を計画しましたが、当時の観測技術ではそうした観測は不可能でした。最終的にほとんどの天文学者が納得する形で銀河中心ブラックホールが発見されたのは、１９９５年のことです。

この発見は、日本人研究者による成果です。三好真（現在、国立天文台助教）、中井直正（1954 - 、現在、筑波大学数理物質系教授、電波天文学専攻）、井上允（1947 - 、現在、天文及天文物理研究所、台湾）各氏らによる国立天文台野辺山宇宙電波観測所の口径45メートル電波望遠鏡を用いた、渦巻銀河M１０６の中心核における水素雲の電波観測をもとに、その水素雲の運動を詳細に調べ、太陽質量の約４０００万倍の巨大ブラックホールの存在を突き止めたのです。

１９７２年、リンデンベルはケンブリッジ大学に新しくできた天文学研究所の所長として母校のケンブリッジに戻ってからも活発な研究を続け、大マゼラン星雲の固有運動、宇宙の大規模構造の観測、磁気流体力学の研究、われわれの銀河系とその近くにある矮小銀河の間をつなぐように伸びた恒星分布の発見（妻との共同論文）などの重要な研究をおこなっています。

リンデンベルは、１９８３年にカール・シュヴァルツシルト・メダル、84年、エディントンメダル、98年、ブルースメダルなどを受賞し２００１年に退職しますが、天文学研究所に残りその後も研究のパワーは衰えることはなくマッハの原理、磁気流体力学などの研究を精力的に続けています。

参考資料

・Linden-Bell “Searching for Insight” Annual Review of Astronomy and Astrophysics, Vol. 48, pp. 1 - 19 (2010)

ジョスリン・ベル＝バーネル

なぜかノーベル賞から漏れた中性子星発見者

▲ジョスリン・ベル＝バーネル／絵＝吉澤正［http://cdn.amanaimages.com/ed_thumb350/PAP/70514/PAP7051400000M.jpg を参考にスケッチ］

現在、天文学の研究で活躍している女性が多いにもかかわらず、紹介される機会が余りにも少ないのは残念です。本書でも、ここまで登場した女性研究者はリービット（P・12参照）を入れて3人だけでした。しかし、是非とも紹介しなければならない人がいます。一定のリズムで間欠的に（つまりパルス状に）電磁波を発する天体、「パルサー」を発見した、アイルランド人のジョスリン・ベル＝バーネル（Susan Jocelyn Bell Burnell, 1943 - ）です。パルサーの発見は、本来ならノーベル賞をもらって不思議のない業績でしたが、巡り合わせの悪さからそれを逃したことでもよく引き合いに出される研究者です。また、パルサーの発見とそれに続くその正体の解明にも面白い話があります。それもとりあげましょう。

ジョスリン・ベルは１９４３年、北アイルランドの首府であるベルファストで生まれました。建築家のお父さんは非常な読者家で、家にはありとあらゆる方面の本があったそうです。父親の影響を受けてか、ジョスリンも本を読むのが好きでした。いろいろな本を読破しましたが、その中には天文学の本もあり、それらを通じてジョスリンは天文学に引きつけられていきました。

またお父さんが北アイルランド・アーマー州の州都、アーマー市の天文台の設計に携わったこともあり、ベルも天文台へよく通っていたそうです。そういう事情も手伝ってか、ベルはアーマー近くの、私立の女子中等教育校に入学します。

■女子が科学を学べる学校を求めて

ところが、今では考えられないことですが、当時、女子の学校では科学を学ぶことができませんでした。そこで、ベルの両親らが学校に掛け合い、それがみのって科学を学ぶことができるようになったのだそうです。ベルは、高等教育を受けるための資格試験を受け、それに失敗しますが、両親はベルをヨークにあるクエーカー教会の女子寄宿舎に入れ、学校での勉強を続けさせました。この学校でベルは、物理の教師から強く影響を受けました。ベル自身の言葉を聞いてみましょう。

その教師はとてもよい先生でした。「あれもこれもとやみくもに事実をおぼえる必要はありません。

いくつか大事なことだけをおぼえて、それらを現実に観察して起こることがらにあてはめ、おぼえていた事柄が目の前の現象をうまく説明できるかどうかを試し、説明に成功したら、そのまま発展させればいいのです」と物理がいかに簡単かを教えてくれたのです。

物理が好きになったベルはイギリス・スコットランドのグラスゴー大学に入学し、物理を学びました。１９６５年にその大学を卒業したベルは、ケンブリッジ大学の大学院に進学し、アンソニー・ヒューウィッシュ（Antony Hewish, 1924 - ）という先生の下で電波天文学の研究を始めました。

当時、ヒューウィッシュは、宇宙からやってくる電波が太陽風（太陽表面から吹き出す電荷をもった粒子の希薄な流れ）によって強度が小刻みに変化する現象（シンチレーション）を調べていて、この現象を使って電波源の大きさを測ることを考えていました。そのためには電波望遠鏡をつくらねばならず、ベルは研究室に入った当初から、これを手伝うことになりました。

ベルと同僚数人は、テニスコート57面分の面積に１０００本以上の鉄柱を立てて全長１９０キロメートル以上ものワイヤーでつなぐという作業をして２年後の１９６７年のはじめに完成します。その年の７月に観測が始まってからはベルが望遠鏡の操作と電波信号の解析を受けもちました。最初の解析は自動化されておらず、電波信号は紙テープに打ち出されていました。来る日も来る日も、日に２メートル半ほどずつ検出器から吐き出されてくる紙テープに目をこらし、その中に捉えられたであろう目的の信号を見つけるという地道な作業でした。そして観測を始めてから２、３週間後、ベルらは目的のシンチレーションのもととなった電波源を確認することができました。

ところが６週間後くらいから、シンチレーションの中に奇妙な信号があることに気がついたのです。彼女はそれを〝ｓｃｒｕｆｆ〟と名付けました。これは本来は「不潔」だとか「だらしない」という意味の言葉ですが、電波の干渉でしばしば現れる雑音のようなものなので、そう名付けたのでしょう。

途中の中断を挟んで再び11月に信号を受けてみると、〝ｓｃｒｕｆｆ〟と名付けられた現象では、〝ｓｃｒｕｆｆ〟の一言では片づけられないことが起きていることに気が付きました。その信号は、正確に約１・３秒という間隔でやって来るパルスだったのです。

また、信号がやってくる方向が星の動きと同じように天球上を動くため、この電波源が太陽系外であることも分かりました。その信号をみたケンブリッジのチームのメンバーは誰も、正確な間隔でパルス状に電波を放射するようなことが自然現象とは信じられませんでした。

自然現象でないというのであれば、これは人工的に作られた信号なのでしょうか？　しかしそれでも、今度は太陽系外からのものであることをどう説明すればいいのでしょうか?

そこで、検討のまな板に上がったのが宇宙人からの信号の可能性でした。この一見荒唐無稽な可能性がまじめに検討され、その場でその宇宙人は「緑の小人（Little Green Man）」と呼ばれました。「緑の小人」は当時の宇宙人の漫画からとられたものでした。

しかし「緑の小人」説はすぐにつぶれてしまいました。というのは、ベルはその年の12月に２番目の〝ｓｃｒｕｆｆ〟を見つけたからです。今度は１・２秒間隔の〝ｓｃｒｕｆｆ〟でした。さらに翌年１月には二つの別の〝ｓｃｒｕｆｆ〟を見つけました。違う天体の宇宙人が同じ周波数で地球に向けて信号を出すことなどありえないことは明らかです。

こうして宇宙人説は葬りさられ、ベルの発見した〝ｓｃｒｕｆｆ〟を出す天体は「パルサー」と呼ばれるようになりました。また、ベルが最初に見つけたパルサーは最初のうちは〝ベルの星〟と呼ばれていましたが、同じようなパルサーがどんどん発見されるので個人名ではなくＣＰ１９１９（「ＣＰ」は「ケンブリッジパルサー（Cambridge Pulsar）」の頭文字で、「１９１９」は天球上の位置（赤経19時19分）を表します）と呼ばれるようになり、さらに現在では、様々な研究機関での発見事例をまとめて記すパルサーの国際的命名規則に従って、ＰＳＲ１９１９＋２１と呼ばれています。

ところで、パルサーの正体は、今日では、高速で回転する中性子星であることが分かっています。「中性子星」というのは、質量が太陽の10倍程度の星がその最後に超新星大爆発をおこしたのちに中心に残される、全体がほとんど中性子からできている天体をいいます。半径は10キロメートル程度しかないのに質量が太陽ほどもあるコンパクトな天体です。「中性子」というのは物質を構成している原子の中心にある原子核を陽子とともに形づくっている粒子で、その存在は１９３２年に発見され、翌年にはツビッキー（Ｐ・１９３）やランダウ（Lev Davidovich Landau, 1908 - 1968）らが、超新星爆発によって中性子だけからできた天体ができると予言しました。

恒星は、大なり小なり自転していますが、そのサイズが急激に小さくなると回転が速くなります。これは「角運動量の保存」と呼ばれる物理学の法則が効くために起こる、フィギュアスケートのスピンでおなじみの現象です。半径何百万キロメートルというとんでもない大きさの星が半径10キロメートル程度まで縮むのですから、どれだけ高速に回転するかが想像できるしょう。

パルサーからの間欠的放射は、いま見た回転する中性子の回転軸と、磁場の北極（N）と南極（S）とを結ぶ軸が違っていることから起こる現象です。たとえてみれば、棒磁石が回転軸に対し斜めになって高速で回転しているようなものです。中性子星の周りに電荷をもった粒子があると、それらは中性子星を取り巻く磁場の力を受けて磁力線に沿って磁場の北極や南極へ高速で移動していきます。磁場の北極と南極は多数の荷電粒子が密集して高速で運動する状態になります。そのような場合、強い電磁波が磁極（磁場の北極と南極）から細長いビーム状に放射されます。そのビームは、まるで宇宙の灯台のように中性子星の自転につれて宇宙空間を〝照らし〟ます。ビームが地球の方向を向くと、それを私たちはパルスとして受け取るわけです。こうして、中性子星が一回転するごとに規則正しい時間間隔（＝周期）でパルスが観測されるのです。

■ノーベル賞の選から漏れて

パルサーの発見と電波天文学への功績によって１９７４年、ベルの指導教官であるヒューイッシュ（受賞理由＝中性子星の発見で電波天文学の発展に貢献）と、マーティン・ライル（Sir Martin Ryle, 1918 - 84：受賞理由＝電波観測技術の発展で電波天文学の発展に貢献）とがノーベル物理学賞を受けることになりました。このとき、ベルが受賞しなかったことに対してはフレッド・ホイル（Ｐ・１２１参照）など当時の高名な天文学者から大きな疑問が投げかけられました。ヒューイッシュが受賞したのは当然としても、膨大なデータの中から特異な信号を見出してその重要性に気づき、それをさらに詳細に観測して規則正しい周期のパルスであることを発見したのはベルです。ベルも当然受賞の恩恵にあずかるべきだった、というのが多くの人々の意見でした。このことについてベル自身はこう語っています。「『自分もノーベル賞をもらうべき』というのは過大評価だ。自分はとても運が良かったのだ。それに大学院生は特別な場合を除いて受賞すべきではないだろう。自分は特例にはあたらない。」

１９６９年、ベルはパルサーの研究ではなく太陽風によるシンチレーションによる電波源の大きさの研究で博士号をとります。その前年、結婚して一児をもうけますが夫の仕事の関係でイギリス各地を転々とします。その間、パートタイムとしてサザンプトン大学でガンマ線天文学、ロンドン大学でＸ線天文学、エジンバラ大学で赤外線天文学の研究をおこなっています。91年からオープン大学教授、２００１年からはパース大学の教授となり、02年から04年までイギリス天文学会の会長、08年から10年まで、イギリス物理学会会長を務めました。ベルは、ノーベル賞こそ逃しましたが、１９７３年にマイケルソンメダル、１９８７年にオッペンハイマー記念賞、１９８９年ハーシェルメダル、１９９５年ジャンスキー賞、２０１０年マイケル・ファラデー賞など数々の栄誉を受けています。

また科学の社会への紹介にも積極的で、講演、テレビ、ラジオの科学解説、女性科学者の育成などに精力的に活動しています。実際に、ベルがオープン大学で教えるようになってからイギリスでは女性の物理学者の数が倍増したといいます。彼女にとってはノーベル賞を受賞する以上にうれしいことでしょう。

参考資料

・"*Jocelyn Bell Burnell – Astronomer, Scientist, Educator,*"（Ｗｅｂサイト、Biography.com に収載された記事。最後の更新は２０１６年７月）
http://www.biography.com/people/jocelyn-bell-burnell-9206018

・Maria Popova "*How astronomer Jocelyn Bell Burnell Shaped Our Understanding of the Universe by Discovering Pulsars, Only to Be Excluded from the Nobel Prize*"（ニューヨーク・ブルックリン在住の読者ライターを名乗る、その実、実力のある編集者であるMaria Popova が運営するＷｅｂサイト Brain Pickings の、米東部時間２０１６年7月15日の記事）
https://www.brainpickings.org/2016/07/15/jocelyn-bell-burnell-pulsar-nobel/

ハンス・ベーテ

星の活動の源泉を解明した物理学者

星を知ることは天文学の基本中の基本です。星の最も重要な性質は、エネルギー源です。エネルギー源が分かって初めて、星の構造と進化が理解できるからです。

何十億年という長い間、安定して莫大なエネルギーを放出し続けるメカニズムが分かったのは、それほど古いことではありません。そのエネルギー源は核融合反応であることが判明して今日に至るわけですが、それを明らかにしたのが物理学者ハンス・ベーテ（Hans Albrecht Bethe, 1906 - 2005）でした。ベー

▲ハンス・ベーテ／出典＝ Wikipedia パブリックドメイン（https://upload.wikimedia.org/wikipedia/commons/5/5f/Hans_Bethe.jpg）

テには、このほかにも原子核物理学、太陽ニュートリノ問題、場の理論など多岐にわたる業績があり、1967年のノーベル物理学賞を受賞している稀有な才能のもち主です。

ベーテは1906年、当時ドイツ領で現在はフランス領のストラスブールで、ストラスブール大学の心理学の講師をしていた父の一人息子として生まれました。母の父親もストラスブール大学の教授だったといいますから、文句なしの〝サラブレッド〟の家柄の出といっていいでしょう。

1912年、父がキール大学の教授となったことでバルト海沿岸の港町キールへと移りました。ベーテはその地で、少人数の塾のようなところを勉強の場として知識を磨きました。15年、父親がフランクフルト大学に新設の心理学研究所の所長として赴任したことから、一家もヘッセン州の郡独立市、フランクフルト・アム・マインに移り、ベーテはフランクフルトのギムナジウムに入学しました。しかし10歳のとき結核にかかり、1年間の療養を余儀なくされました。療養後は転地先の学校に入り、16歳になってようやく、フランクフルトのギムナジウムに戻ることができました。

18歳でフランクフルト大学に入学し、化学を専攻しますが、実験の才能のないことを悟ったことや、シュテルン＝ゲルラッハの実験で有名な物理学の教授ヴァルター・ゲルラッハ（Walther Gerlach, 1889 - 1979）の講義に興味をそそられたことから理論物理学に関心が移っていきました。

シュテルン＝ゲルラッハの実験とは、スピンがとびとびの値をとること、つまり量子力学における「スピンの量子化」を示した実験で、ゲルラッハが1922年、一歳年上のオットー・シュテルン（Otto Stern, 1888 - 1969）と行ったものでした。残念ながら、ゲルラッハは1925年にチュービンゲン大学に移りますが、ベーテはゲルラッハの後継の教授の勧めで、理論物理で秀でていたミュンヘン大学に移りました。当時、ミュンヘン大学にはW・ハイゼンベルク（Werner Karl Heisenberg, 1901 - 76）の指導教官だった有名な理論物理学者、アルノルト・ゾンマーフェルト（Arnold Johannes Sommerfeld, 1868 - 1951）がいました。ベーテの才能はじきにゾンマーフaェルトに認められ、ゾンマーフェルトの下でおこなった「結晶内の電子の散乱に関する研究」でベーテは28年、博士号を取得しました。

■CNOサイクル

博士号取得後、ベーテはフランクフルト大学で助手となりますが、そこの環境があまりよくなかったとみえ、翌29年、シュツットガルトの高等工科学校の教師となります。とはいっても、ベーテは研究を止めたわけではありませんでした。荷電粒子が物質中を伝播するときに失われるエネルギーについての、今日「ベーテ公式」と呼ばれる公式を導いた重要な論文を書いたのは、この学校でのことでした。この論文で教授資格を取ったベーテは、1930年からはミュンヘン大学で私講師（ドイツ語圏の大学に特有の制度で、博士を取った後、教授資格をもって講義ができる職）を務めることとなりました。

次いでベーテは、ロックフェラー財団の奨学金を得て海外を回る旅に出かけました。イギリス、ケンブリッジ大学のキャベンディッシュ研究所を訪れたあとローマ大学に滞在、そこでは、弱い相互作用の理論で1938年にノーベル物理学賞を受賞し、後にシカゴ大学で人類初の原子炉をつくったエンリコ・フェルミ（Enrico Fermi, 1901 - 54）のグループに入り、強い影響を受けました。フェルミ流の直観的な物理に大いに感化されたといいます。

１９３２年、ベーテはチュービンゲン大学で助教授となりましたが、ユダヤ系の血を引いていたため、ヒトラーが政権をとった33年に職を追われ、マンチェスター大学講師としてイギリスに渡ることで、難を逃れました。次いでベーテは、コーネル大学の准教授としてアメリカに招かれ、37年、教授に就任しました。そして39年、33歳で「星のエネルギー発生について」という論文を発表し、そこで星のエネルギー源が中心部の核融合反応であることを明らかにしました。

この「星のエネルギー発生について」の論文が世に出るまでには面白い話があります。

さかのぼって１９３８年、ジョージ・ワシントン大学カーネギー研究所で研究会があり、ベーテはそこに招待されていました。ところがこの研究会のテーマが「星のエネルギー生成」というもので、当時、ベーテがこの種のテーマに興味がなかったため、いったんはその招待を断りました。しかしベーテは、やがて核兵器開発で同僚となるエドワード・テラー（Edward Teller, 1908 - 2003）に説得され出席することにしたのでした。この会議で星の中心部の温度や密度、組成などの知識を得たベーテは、さっそく星の中での核融合反応の研究を始めたというわけです。

ちなみに、水素の融合反応には陽子同士の衝突のｐｐチェインと、炭素（C）、窒素（N）、酸素（O）が関わる反応連鎖であるＣＮＯサイクル（太陽ではＣＮＯサイクルによる核融合反応がメインです）との２種類の反応経路があり、ｐｐチェインの一番簡単な反応は37年にガモフとドイツのカール・F・ワイツゼッカー（Carl Friedrich Freiherr von Weizsäcker, 1912 - 2007）によって提案されていました。ベーテはｐｐチェインのより詳細な反応とＣＮＯサイクルの存在を発見したのです。あとで述べる超新星からのニュートリノの検出は、まさにこのＣＮＯサイクルの過程で発生したニュートリノでした。

■ラムシフトの解明

第二次世界大戦中。ベーテはアメリカの原爆開発計画、マンハッタン計画に参加し、理論部のトップを務めました。大戦後は水爆開発にも参加することになります。１９５２年、最初の水爆の実験には成功したものの、その重量が65トンもの規模で、ベーテ自身は実用的な水爆は実現不可能だと考えていたようです。しかし翌年、ソビエト連邦が小型化に成功し、冷戦時代へ突入していきました。

天文学とは直接関係ありませんが、この時期、ベーテの業績で忘れてならないのは、場の量子論への寄与です。戦後の１９４７年、ディラックの電子論では特定の値のエネルギーをもつ電子が、じつはごくわずか異なるエネルギーをもった二つの状態をとっていることが発見されました。この予言値からの違いを発見者の名にちなんで「ラムシフト」といいますが、ニューヨーク州シェルターアイランドでの会議は、その現象の話題でもちきりでした。

ところが、この会議に出席したベーテは、帰りの汽車（きしゃ）の中でこの謎を解いてしまったのです。ベーテは、原子核（この場合、陽子）のつくる電磁場と電子の相互作用の量子論的効果によって電子状態が二つに分かれた結果として、暗算で計算してほぼ実験と合致する結果を得たのです。この研究は、のちに場の量子論の繰り込み理論として、朝永振一郎、リチャード・Ｐ・ファインマン（Richard Phillips

Feynman, 1918 - 88)、およびジュリアン・S・シュウィンガー（Julian Seymour Schwinger, 1918 - 94）のノーベル賞につながるものでした。

また同じ時期にビッグバンの提唱者のガモフ（P・112参照）と絡んだ話もあります。ガモフはビッグバン理論に基づいて宇宙初期での元素合成の計算を博士課程の学生だったラルフ・アルファ（Ralph Asher Alpher, 1921 - 2007）に博士論文のテーマとして与えました。そしてその結果を論文にする際に、ベーテに断りなくベーテの名前を共著者に入れたのです。

ガモフに関する記述を繰り返すようだが、これはガモフ一流のジョークでアルファとガモフの間にベーテが入れば、アルファ・ベータ・ガンマのアルファベット順になり印象に残るだろう考えたのです。論文の予稿を渡されたベーテは特に反対もしなかったようですし、その後研究上の議論もしたそうです。実際のこの論文は、〝αβγ理論〟と呼び慣わされることになりガモフの目論見通りになりました。

余談ですが、アルファはこのことを快く思っていなかったようです。テーマを与えてくれて研究の過程で様々な議論をしてきた指導教官のガモフが共著者に入るのは当然ですが、それすらすでに超有名だったガモフの名前の陰に自分の名前が隠れそうなのに、もう一つの共著者が当時すでに超一流の研究者だったベーテなのです。論文を読んだ人は、ベーテとガモフの論文と思うでしょう。実際、アルファの危惧は現実のものとなってしまい、アルファは１９５５年に研究職を辞めてしまいました。

その後ベーテは、原子核物質や原子核反応などの分野で重要な研究を行い、それを中性子星物質に応用するなどの研究をおこないます。それらの業績によって１９４７年にヘンリー・ドレイパー・メダル、55年にマックス・プランク・メダル、59年にはフランクリン・メダル、61年にエンリコ・フェルミ賞、63年にランフォード賞など、たて続けに受賞し、67年、「原子核反応における理論的寄与、特に星のエネルギー生成に関する発見」に対してノーベル物理学賞が贈られました。

ベーテはその後も、中性子星、超新星などの研究を続けました。１９８７年、ベーテ81歳のとき、大マゼラン星雲に現れた超新星からのニュートリノが日本のカミオカンデで検出され、その業績によって２００２年、小柴昌俊博士とレイモンド・デイビス・ジュニア博士がノーベル物理学賞を受賞しましたが、ベーテの理論的研究成果を考えれば、このときベーテが二度目のノーベル賞受賞にあずかってもおかしくなかったでしょう。

娘さんが日本文化に興味もっていたことから、ベーテ本人の日本への関心もひとかたならないものがあったと見えます。また切手収集やハイキングが趣味で、休暇はアルプスやロッキー山脈などで過ごしていました。90歳を超えても論文を作成する元気さを見せていましたが、２００５年、99歳という高齢で心不全のため亡くなりました。

参考資料

・"*Hans Bethe*"（ベーテに関するＷｅｂ百科事典、Wikipedia の項目）
https://en.wikipedia.org/wiki/Hans_Bethe

第四部

〝観測の窓〟拡大に情熱を傾けた人びと

カール・ジャンスキー

電波天文学の生みの親

▲カール・ジャンスキー／絵＝ヤマドリチヒロ［https://upload.wikimedia.org/wikipedia/commons/4/4c/Karl_Jansky.jpg を参考にスケッチ］

有史以来、人類は可視光で宇宙を見てきました。エドウィン・ハッブル（P・31参照）が銀河宇宙の存在を観測で明らかにした１９２４年以降の近年に限っても、ときに夜空に新しい星（新星や超新星）や彗星が出現することはあれ、無数の銀河の中で星々が整然と運動する。それが宇宙の姿だと思っていました。しかしそうした宇宙像をみごとに覆したのが、電波天文学、つまり電波領域の電磁波で天体を観測する天文学の一分野です。今回はその電波天文学の創始者カール・ジャンスキー（Karl Jansky,

1905 - 1950）を紹介しましょう。
可視光とは波長が大体４００ナノメートルから８００ナノメートルの電磁波です（1ナノメートルは、10億分の１メートル）。電磁波というのは電気と磁気の振動が空間を伝わっていく現象ですが、光が電磁波の一種であることは19世紀の末に分かっていました。可視光より長い波長の電磁波を波長が長くなる順に赤外線、マイクロ波、電波（電波はさらに、短波、中波、長波と細分化される）です。一方、可視光より波長が短い電磁波は、波長が短くなる順に、紫外線、X線、ガンマ線となります。現在の文明は、この電磁波を自由に使うことによって成り立っているということもできます。また科学の分野でも電磁波を用いた研究は非常に重要です。その一つが、電波天文学です。

■三番目の電波源の究明

カール・ジャンスキーは１９０５年、アメリカのオクラホマ州でオクラホマ大学工学部学部長の三番目の息子として生まれました。「カール」は、父親が指導を受け敬愛していた物理学者の名前にちなんで付けられたものです。ジャンスキーが生まれて３年後、父親がウィスコンシン大学に移ったため一家もウィスコンシン州に移ります。そこでジャンスキーは小学校から大学までの教育を受けます。

ウィスコンシン大学では物理を学び、１９２７年に卒業します。大学時代はテニスに熱中し、またアイスホッケーのスター選手でした。

そして翌１９２８年、AT&T社のベル研究所に入り、短波（波長10～１００メートルの電磁波）

の受信機にときどき現れる奇妙な雑音の原因を調べるプロジェクトを与えられました。これは当時の大陸間の電話通信にとって重要な問題でした。というのは、短波は直進性が高く大陸間の通信には不向きと思われていたのですが、思いがけず遠くまで届くことが分かってきました。加えて、その理由が、短波が電離層で反射されることであることも分かりました。

しかし時々入ってくる雑音が通信の妨げになっていたのです。この雑音の原因を調べるのがジャンスキーのテーマでした。そのためジャンスキーは、波長14・6メートル（振動数20・5メガヘルツ）の短波を受信するアンテナを作り、回転台の上に載せて電波がどちらの方向からやってくるか、分かるようにしました。

アンテナを作り始めたのは1929年の夏ですが、観測所が移ったこともあって実際に観測を始めたのは30年の秋になってからでした。

数か月の観測でジャンスキーはこの波長の短波には3種類あることを突き止めます。それは近くの雷によるもの、遠くの雷によるもの、そして継続的で微弱な正体不明のものでした。

この正体不明の短波の原因をさぐるため1年余りも費やして観測した結果、その強度が1日ごとに変わることが分かり、太陽からやってくる短波ではないかと考えました。しかし32年8月31日の部分日食のときに、電波強度が変わらなかったことで、その考えは疑わしくなり、さらに詳しく観測してみることにしました。するとその周期は24時間ではなく、23時間56分であることが分かりました。これはほかでもない、「恒星時」と呼ばれる時間と一致します。

24時間というのはもちろん地球が自転する時間で、地球から見れば太陽が地球の周りを１回転する時間です。

恒星時とは恒星が地球の周りを１回転する時間です。これは24時間ではありません。というのは地球が1回転する間に地球は太陽の周りを公転しているので、その分だけ恒星が前と同じ位置にくる時間（たとえばある恒星が天球の一番高い位置から次に一番高い位置にくるまでの時間）が変化するのです。

こうしてジャンスキーは、この電波が太陽系の外からやってきたものであること突き止めました。そしてさらにこの電波が「いて座」の方向で最も強いことにも気がつきました。これは、天の川銀河の中心方向にほかなりません。33年、ジャンスキーは観測結果を、断定を避けて慎重に「地球外起源と思われる電気擾乱」というタイトルの論文にまとめ、イギリスの科学誌「ネイチャー」に投稿・掲載されました。この論文のタイトル一つを見ても、ジャンスキーの誠実な人柄が偲ばれるというものです。

■アマチュア天文家の活躍

もちろんジャンスキーは、口径30メートルの電波望遠鏡を作ってさらにこの電波源を研究したいと考えていましたが、ベル研究所は、「本来の目的とは関係がない」として認めず、ジャンスキーも別のプロジェクトへ配置替えとなり、おまけに、それ以降重い腎臓病のため体調も思わしくなく、二度と電波天文学に戻ることはありませんでした。

それはともかく、ジャンスキーの発見は幸運にも恵まれていました。というのは、１９３０年代前半は11年ごとに巡ってくる太陽の黒点活動の最静穏期だったからです。もしそうでなければ、ジャンスキーの発見した電波は太陽からの電波に隠されて、発見には至らなかったことでしょう。

ジャンスキーの成果はニューヨークタイムスでも大きく報道されましたが、ジャンスキーが天文学者ではなかったこともあって、少数の天文学者にしか興味をもたれませんでした。

おまけに当時は、世界大恐慌の時代で、成果が上がるか上がらないか分からないことに挑戦する機運もすこぶる希薄でした。ジャンスキーの発見を引き継いだのは、プロの天文学者ではなく、同じアメリカの電波技師でアマチュア無線家のグロート・レーバー（Grote Reber, 1911 - 2002）でした。レーバーは、1933年にジャンスキーの発見を知るとすぐ、宇宙を電波で観測しようとベル研究所の求人に応募しましたが、断られてしまいます。

それにめげずレーバーは、37年に自宅の裏庭に独力で口径9メートルのパラボラアンテナを作って電波観測を開始し、波長1・85メートルの電波で天球を観測し電波地図を作成しました。その中には電波銀河の白鳥座Aや超新星残骸のカシオペアAといった電波源がありました。

その後の電波天文学の発展は目覚ましく、1944年、中性の水素原子が波長21センチメートルの電波を放出することが判明し、その波長を用いた観測に基づいて我われの銀河系が渦巻構造であることが明らかにされ、64年にビッグバンの直接の証拠である宇宙マイクロ波背景放射が発見されました。

さらに1967年には中性子星が「パルサー」（＝パルス状に電波を発する天体）という形で発見されました。

■ジャンスキーの成果を引き継いで

こうして宇宙には可視光よりも大量に電波を出している天体や天体現象が存在することが明らかになったのです。電波で観測しない限り、わたしたちはそれらの存在に気づくことはなかったでしょう。また電波観測は、複数のパラボラアンテナを組み合わせて使うことにより、実効口径が非常に大きい望遠鏡（「電波干渉計」と呼ばれる）が得られ、光学望遠鏡では望めない分解能の高い観測が可能になりました。実際この技術を使って、今では、遠方の銀河の中心部に存在する巨大ブラックホールの直径の10倍程度の構造まで識別できるようになっています。

さらに、宇宙の過去からくる電磁波は宇宙膨張のため波長が伸び（つまり、「赤方偏移」（P・37参照）のため）、電波領域に観測されるので、たとえば「宇宙の始めにどのように星ができたのか？」や、「銀河がどのようにできたのか？」などを知るためには電波観測が不可欠です。

現在、南米チリの高度５０００メートルのアタカマ高原に、66台の電波望遠鏡を組み合わせ口径18・5キロメートルの電波望遠鏡に匹敵する能力をもったアルマ望遠鏡が活動を始めています。これはミリ波（波長１ミリメートル～10ミリメートル）、サブミリ波（波長０・１～１ミリメートル）の望遠鏡で原始星の誕生、惑星系の形成、原始銀河の観測などに威力を発揮すると期待されています。

しかしジャンスキーは、このような電波天文学の隆盛を見ることなく、１９３２年の発見から18年後の50年、44歳の若さで腎臓病のため亡くなりました。それでもジャンスキーの名は電波の強さの単位名（記号「Jy」）に採用され、今に残っています。また、アメリカ国立電波天文台はジャンスキーの栄誉を称えて「ジャンスキー賞」を設けて毎年、天文学に関連した分野で顕著な功績をあげた研究者に授与しています。

最後に、ジャンスキーの言葉を引用しておきましょう。それは彼の死の数か月前に書かれたものです。

「銀河系の電波を発見できたのは全く偶然です。遅かれ早かれ誰かが発見したでしょう。ただ私が絶えず好奇心をもっていたことは認められるのかもしれません。好奇心が未知の電波の原因を探らせ、長い期間の観測を可能にしたのです。」

◤グロート・レーバー◣

電波天文学の創始者はジャンスキーですが、その後に続く研究者によって電波天文学は一層の発展をします。その後継者の一人がグロート・レーバーです。

レーバーは1911年、シカゴ郊外に生まれました。イリノイ工科大学で電気工学を学び、33年に卒業しています。本文にも述べたように、ベル研究所に就職を希望しましたがそれはかなわず、シカゴで小さなラジオ製造会社に勤めます。しかし電波天文学への挑戦の夢は捨てきれず、独力で電波望遠鏡を作ろうと決心し、37年の夏に自宅の裏に口径9メートルのパラボラアンテナを完成させます。アンテナの真ん中に穴が開いていてたまった雨水がそこから流れていく仕組みになっていたので、近所の人は天気を調整する装置と思ったそうです。またジャンスキーは、近所の子供がアンテナを絶好の遊具と勘違いして、よじ登ろうとしたと述べています。

レーバーは当時の電波放射の常識として周波数が高いほど電波強度が大きくなると思っていたので、最初、当時可能だった最高の周波数３３００メガヘルツ（波長９センチメートル）で天の川、月、惑星、恒星などの観測を始めました。しかしどこからも何の電波も観測することはできませんでした。次に９００メガヘルツ（波長33センチメートル）を試しましたが、それでも観測できず、さらに１６０メガヘルツ（波長１・８８メートル）に下げて１９３９年４月、ようやくジャンスキーの結果を確認しました。

周波数の低い（波長の長い）電波の方が、周波数の高い電波より強かったのです。これは、当時の常識では説明できない現象でした。この問題が解明されるのは50年代のことでした。電荷を帯びた高エネルギーの粒子が、磁場に巻き付くように運動することにより出す現象（シンクロトロン放射と呼ばれる）だったのです。このことは、電波源には高エネルギー粒子を発生させるような爆発的な現象が存在することを意味します。こうして電波は、超新星爆発や活動銀河核といった宇宙の爆発的な現象を観測する手段として50年代以降、天文学の重要な観測手段となりました。

一方、１９４３年頃までに宇宙の電波地図をつくる観測を終えたレーバーは、自分の望遠鏡をアメリカ国立標準技術研究所に売却し、一時、研究から離れます。50年頃までには研究に復帰しようとしますが、すでに電波天文学は莫大な予算をつぎ込んで大型の電波望遠鏡で観測する時代に入っていて、一個人で研究できるような分野ではなくなっていました。

そこでレーバーは、プロの天文学者があまり注目していない周波数３００キロヘルツ（波長10キロメートル）から３メガヘルツ（波長１キロメートル）の中波で観測しようと、51年、ニューヨークの研究補助機関から資金援助を受けてハワイに移りますが、この電波帯はＡＭラジオの周波数帯であるばかりか宇宙からの中波は電離層によって反射されるため、この電波帯での天体観測はできませんでした。しかしレーバーはあきらめず、54年、タスマニアに移ります。タスマニアでは冬季の気象条件によっては電離層が薄くなり中波を通すことがあるのです。しかし目立った成果をあげることなく、２００２年、タスマニアで91歳の誕生日を目前にして亡くなりました。その遺骨は分骨の上、タスマニアの他に世界中17の電波観測所に散骨されたそうです。

参考資料

・C. M. Jansky, Jr.（カール・ジャンスキーの弟）"*Karl Jansky and the Discovery of Cosmic Radio Waves*"（アメリカの大学間研究連合組織、Associated Universities, Inc.〔ＡＵＩ〕が運営するＷｅｂサイト中のアメリカ国立電波天文台〔ＮＲＡＯ〕のディレクトリーに収載）

http://www.nrao.edu/whatisra/hist_jansky.shtml

・"*Karl Jansky, American Radio Engineer*"（Ｗｅｂサイト、Encyclopedia.com内の、The Gale Group, Incが運営するサイト、World of Earth ScienceのElectrical Engineering: Biographies欄に、２００３年に収載）

http://www.encyclopedia.com/people/science-and-technology/electrical-engineering-biographies/karl-jansky

早川幸男（さち）

戦後の焼け跡で〝全波長天文学〟への道を敷く

▲早川幸夫／絵＝ヤマドリチヒロ［http://www.asj.or.jp/geppou/archive_open/1992/pdf/19920910.pdf を参考にスケッチ］

林忠四郎（P・147参照）と並ぶ日本の天体物理学の草分け的な存在で、宇宙線およびX線天文学の研究ばかりでなく日本の宇宙観測の牽引者という重要な役割を果たした早川幸男先生（以下、「早川」と略）を紹介しましょう。

■敗戦の焦土から宇宙線グループを立ち上げる

早川は1923年、愛媛県新居浜で生まれました。父親は地元で幼稚園を経営していた有名人でした。早川は、地元の私立住友惣開尋常高等小学校(現・新居浜市立惣開小学校)に入学し、中等部からは剣道に打ち込み、高等部1年生のときには、インターハイで優勝するなど、文武両道に秀でていました。

1936年、高等小学校卒業後、関東に移り旧制武蔵高等学校に入学、19歳で卒業して、東京帝国大学(現・東京大学、以下「東大」と略)理学部に入学(42年)します。当時、物理学の分野で日の出の勢いで発展していたのは素粒子物理学でしたが、素粒子物理といえば京都の湯川秀樹博士(1907 - 81)と東京文理科大学(のちの東京教育大学、現在の筑波大学)教授の朝永振一郎博士(1906 - 79:41年に理化学研究所から赴任)が両巨頭で、東大にはこの分野の先生はいませんでした。

当時、朝永は、後にノーベル賞受賞の対象となる量子電磁力学の研究を始めていて、東大に素粒子物理学の先生がいなかったこともあり、東大の秀才たちの憧れの的でした。ことの成り行き上、当然、朝永を東大に迎えようという声はあったものの、物理学科内部に反対の動きがあって実現せず、朝永が東大で講義をしたのはごく短期間に過ぎませんでした。

早川は、朝永の講義を聴き、卒業研究で朝永の指導を受けることができました。

全くの余談ですが、朝永と東大は無関係ではありませんでした。朝永は京都大学出身ですが、博士号は東京大学から受けています。

今から考えるとなぜ東大は朝永先生を受け入れなかったのか、不思議ですが、当時の東大物理は寺田虎彦（1878 - 1935）に代表される日常生活や身近な現象に即した物理学研究が重視される傾向が強く、素粒子研究といった当時としては海のものとも山のものともつかない研究を受け入れる余地がなかったと考えることもできるでしょう。

さて、早川は朝永のゼミナールで宇宙線の研究に取り組みました。宇宙線というのは、主に宇宙から降り注ぐ高エネルギーの素粒子のことですが、現在ではその研究は天文学の一分野となっています。しかし、当時の日本では素粒子を光速近くまで加速し素粒子同士の衝突を起こす加速器がないため、高エネルギーの宇宙線が大気中の原子と衝突して様々な素粒子に変わることを利用することによって素粒子研究に重要な役割を果たしていました。

早川は大学卒業後、バルーンで宇宙線観測用の写真乾板を高高度に飛ばすことができる中央気象台気象研究所に勤め、そこを拠点に素粒子論の観点から宇宙線の研究をさらに推し進めました。気象台を宇宙線の研究の拠点にできたわけですから、何事にも効率を求める現在のせち辛い環境とは違い、当時の日本はいたっておおらかだったといえましょう。

■人材、自由な雰囲気・時間＝学問の土壌

１９４９年、早川は朝永の推薦で、建学後間もない大阪市立大学にノーベル賞（２００８年）物理学者の南部陽一郎や西島和彦（1926 - 2009）、山口嘉夫（よし）（1926 - 2016）、中野董夫（ただ）（1926 - 2004）といった当時としては新進気鋭の若手研究者とともに講師として赴任しました。これらの人々は、後にいず

れも世界的な研究者へと育っていますから、非常に豪華な顔ぶれだったといえましょう。実際、この時代の大阪市立大学からは「中野・西島・ゲルマンの法則」など歴史に残る業績が産み出されています。南部博士の回想によれば、当時の大阪市立大学は「年長の教授がいなかった上、学生が少なくて講義の負担も少なく、自由を謳歌できた」ということです。人材と自由な雰囲気、自由な時間こそが学問の進展に重要だということを示す何よりの例です。ひるがえって、現在の大学の状況を考えると……。

早川は翌年、助教授に昇進しますが、昇進後すぐにアメリカに留学し、コーネル大学、マサチューセッツ工科大学で研究生活を送りました。この滞在で、天体物理学の有力な手段として宇宙線の研究を始めます。渡米中の1953年、早川は宇宙線と星間物質との衝突によってパイ中間子ができ、それがガンマ線を出して電子に崩壊することから、ガンマ線の強度を予測し、さらにガンマ線が宇宙空間を直進することを利用して銀河構造の研究に役立てることが可能であることを指摘しました。この研究は、現在天文学の最先端の研究の一つであるガンマ線天文学の先駆けとなるものでした。

1954年、早川は前年にできた京都大学の基礎物理学研究所に教授として帰国しました。当時、湯川博士が物理学で天体現象がどこまで理解できるのかということに興味をもっていたことから、その関心に応えるべく赴任早々の早川は、物理学者と天文学者を集めて研究会を企画しました。この企画が、それまで星の研究から遠ざかっていた林忠四郎を天文学へと呼び戻すことになりました。また早川は、この流れに沿って自身でも翌年、宇宙線の元素組成が星の最終段階である超新星爆発で生成される元素組成とよく似ていることや、超新星爆発で放出されるエネルギーから宇宙線のエネルギーが説明できることなどの事実に基づいて、現在では通説になっている宇宙線の超新星起源説を提案しました。

１９５９年に名古屋大学に移ってからの早川は、X線天文学へと研究を進め、63年には中性子星や連星起源のX線まで研究の対象を広げていきました。

今日、ほとんどのX線は、ブラックホールや中性子星に周りから物質が降り積もり形成される高温の円盤（降着円盤と呼ばれる）から放出される電磁波、と考えられるようになっていますが、早川は、X線の発生にこの降り積もる物質が重要な役割を果たすことを初めて示した研究者の一人でした。

同時に早川は、そのX線の観測計画にも携わり、日本で最初のロケットによるX線観測を実施しました。現在、X線観測については日本が世界をリードしていますが、早川はこの学問分野の育ての親の役割を果たしたのです。

早川はさらに、宇宙への〝新しい窓〟として早い段階から赤外線観測の重要性を指摘し、気球やロケットなどでその観測をおこなうことを提案し、かつ実現してきました。

星は星間雲の、特に高密度の分子雲で誕生しますが、そのような分子雲からは赤外線が放射されます。また、遠方の天体からの光は最初は紫外線だったり可視光線だったりしても宇宙膨張によって波長が伸びて赤外線として観測されます。赤外線やX線は可視光では見えない宇宙の姿を見せてくれるのです。

現在の天文学は、電波からガンマ線までの全波長を用いて宇宙を探る「全波長天文学」とも呼ばれますが、まさにその先駆けを担ったのが早川でした。名古屋大学は今日、早川の伝統を受け継ぎ、国内では理論と観測の両面で最大規模の宇宙線グループを形成しています。これらの学問的な寄与により早川は、１９７３年に、朝日賞、88年には、紫綬褒章、マルセル・グロスマン賞、さらに91年には、日本学士院賞などを授与されています。

早川は、自分を理論家の枠に閉じ込めることなく、観測にも意を用いる研究者でした。事実、観測を計画し、それを実行に移せる稀有な科学者でした。現在の天文学は、まさに観測的・実験的研究と理論的研究とを同時進行で進めるという「早川スタイル」で進んでいます。

１９８７年4月に定年で退職しますが、同年６月から名古屋大学学長に選出され、92年に病気で亡くなる直前まで職務に当たりました。

現在、岐阜県飛騨市にある東京大学宇宙線研究所付属神岡宇宙素粒子研究施設の一角に大型低温重力波望遠鏡「ＫＡＧＲＡ」が建設中ですが、これが実現に至るまでには25年以上もの長い年月がかかっています。そのスタートラインでリーダーの役割を果たしたのも早川でした。当時、筆者は弘前大学で、中性子星やブラックホールなどの連星系からの重力波の研究に取り組んでいて、この時分から亡くなるまでの短期間の早川を知るに過ぎませんが、その限られた交流の中にもこの研究者には、冷静でいて穏やかで実行力があり、この人に任せておけば安心だと思わせるだけのものがありました。

小田　稔

かに星雲観測で中性子星を発見――X線天文学の端緒を開く

▲小田稔／絵＝ヤマドリチヒロ
[http://www.isas.jaxa.jp/ISASnews/No.242/tokushu-01.html を参考にスケッチ]

X線で宇宙の様子を探るX線天文学は、現在、日本の観測が世界の最先端を走っていますが、その礎を築いた人として早川幸夫と並んで忘れてならないのは小田稔氏（以下、小田と略称）です。ここでは、その小田稔の業績を紹介しましょう。

小田稔は1923年、北海道札幌市で、代々医者の家系に生まれました。34年、父が当時日本領だった台湾の〝臺北（たいほく）帝國大學〟教授に赴任し、それに伴って家族ぐるみで台湾に移住します。小田は旧制〝臺北高等學校〟に進学し、卒業後は高等学校の恩師の勧めで44年、大阪帝国大学（現大阪大学）理学部物理学科に進学しました。同級生に、ソニーの前身、東京通信工業（株）の創始者の一人、盛田昭夫がいました。小田は原子核の実験を専攻しますが、前年に太平洋戦争が始まった関係上、軍事研究にも関わることになりました。その関係で当時静岡県沼津にあった海軍技術研究所に派遣されました。このとき小田は、理化学研究所から派遣されていた朝永振一郎博士と知り合うことになります。

戦後１９４６年、大阪大学に助手として戻り、大学の屋上にアンテナを設置して太陽からの電波の観測を始めました。次いで50年、創設間もない大阪市立大学に助教授として赴任、そこには、南部陽一郎、西島和彦、中野董夫（ただ）など理論物理のそうそうたる若手研究者が顔をそろえていました。

■「すだれコリメータ」の発案でCyg X-1発見

大阪市立大学の小田は、宇宙線によるミューオンの相互作用の研究などに力を入れました。そして１９５３年、小田は、当時の宇宙線の大家、ブルーノ・ロッシ（Bruno Benedetto Rossi, 1905 - 93）がいたマサチューセッツ工科大学に留学します。ロッシ教授の下で３年間、宇宙線の研究に従事し、56年、帰国して東京大学原子核研究所の助教授に就任、引き続き宇宙線研究を続けました。

１９６２年、天文学に思いがけない発見がありました。ロッシが初めて宇宙からのX線を発見したのです。ちなみに、「思いがけない発見」を科学者はセレンディピティー（serendipity）といいますが、これは「セレンディップ（スリランカの旧称）の３人の王子」という民話が元になって広く使われ始めた言葉です。

黒体放射の計算によれば、Ｘ線は１００万度以上の高温物質から放射される電磁波です。しかし、当時、宇宙にそんな高温の天体が存在するとは考えられていませんでした。にもかかわらずロッシは「自然は人間の想像を超えている」と考え、リカルド・ジャコーニ（Ricardo Giacconi, 1931 - ）らとともにロケットによって大気圏外から観測を行い、宇宙からのＸ線を発見したのでした。その意味で、ロッシ以外の人にとってはこの発見は、セレンディピティーだったのです。

この発見を契機に、日本でも翌年から早川幸男が率いる名古屋大学グループがＸ線観測に乗り出しました。こうした動きを受けて小田は、１９６３年から３年間、ロッシの下に戻ります。

Ｘ線粒子は、非常にエネルギーが高く、物質に対する透過性が高いため、可視光のようにレンズや反射鏡を用いて集束させ、その正確な位置を決めることはできません。したがって、発見されたＸ線源の大体の方向は分かっても正確な位置が割り出せませんでした。このとき小田は２枚の金属板を平行に並べ、方向によってＸ線源が見えたり見えなかったりすることで、その正確な位置や形状を決定しました。ロッシはこの装置を見て、「京都の旅館に滞在したときにあった『すだれ』のようだ」と評したことから、この装置は「すだれコリメータ」と呼ばれるようになりました。

この最初のＸ線源天体は「白鳥座Ｘ線星Ｃｙｇ Ｘ - １」と呼ばれ、１９６６年、小田は寿岳潤、大沢清輝とともにその位置に、９等級の、太陽の30倍ほどの質量をもった青い星として発見しました。

■X線源はブラックホールだった

しかし、この星はX線を出すほど高温ではありませんでした。さらに詳しい観測によって、この星が56日という周期運動をしていることが分かりました。このことはこの星がもう一つの星と連星系を構成していることを意味しています。しかも太陽の30倍もの質量を振り回すほどの質量をもっていなくてはなりません。観測データの解析の結果、この星は直径が300キロメートル以下の小さな星で、質量が太陽の10倍程度であることが分かりました。こんな小さな領域に太陽の10倍もの質量を詰め込める天体はというと、ブラックホールくらいしかないことになってしまいます。白鳥座X-1は、ブラックホールの周りを取り囲む高温のガス円盤からのX線だったのです。最初のブラックホール候補の発見です。

■X線天文学の実力を高めたX線観測衛星群

1966年、小田は東京大学宇宙航空研究所の教授として日本に戻りますが、このとき、日本に帰るべきかアメリカに残るべきか、思い悩んだ末の帰国だったといいます。帰国後の小田は、すだれコリメータをさらに発展させ、気球による太陽からのX線観測、白鳥座X-1の精密測定、かに星雲からのX線の観測などに力を入れ、それを確実なものにするため、国産X線観測衛星の打ち上げを目指しました。

1976年、ようやく日本初のX線衛星「CORSA」の開発にこぎつけますが、打ち上げは失敗に終わりました。しかし捲土重来（けんどちょうらい）を期しての３年後、小田らはＸ線天文衛星「はくちょう」を打ち上げ、日本のＸ線天文学を世界の第一線に押し上げることに成功しました。その後、次々にＸ線衛星を打ち上げ、いまや世界をリードするまでになっています。この間、81年、宇宙航空研究所は東京大学から離れて文部省管轄の宇宙科学研究所となり、小田は84年から88年まで、所長としてＸ線天文学のみならず宇宙科学全体の発展に尽力しました。

これらの貢献によって小田は、１９６４年に仁科記念賞、75年に日本学士院恩賜賞、81年には朝日賞、87年にはツィオルコフスキー賞、87年にはフォン・カルマン賞、96年にはＫＯＳＰＡＲ賞などを受賞しています。

また小田は、１９８８年４月から理化学研究所理事、94年から国際高等研究所所長、97年からは東京情報大学学長をつとめ、科学全般の発展に貢献しました。

温和な人柄で人望が厚く、また多彩な趣味をもっていました。なかでも水彩画が玄人はだしで、個展を開いたり、画集を出版したりしていました。

ただ将来の科学のありかたについては楽観的ではなかったようです。小田は多くの基礎科学研究者と同様に科学、特に基礎科学を文化としてとらえていました。一方で一般的受け止め方として、基礎科学は工学や産業の基礎という見方もあります。そのような見方に立てば、トップダウンによって研究行政を進めることにつながりかねません。小田はそれが行き過ぎる傾向に注意を促していました。

実際に大学における最近の傾向を見ると、文部科学省は総長によるトップダウン方式の運営を目指しています。そしてこれまで以上に総長へ予算が集まり、それを傾斜配分という名で「役に立つ」「成果が目に見える」分野に選択的に配分されています。「研究の価値」を金銭で判断するのが現状なのです。
　ここ何年か、毎年のように日本人のノーベル賞受賞者が新聞紙上をにぎわせていますが、これ等の大部分はトップダウンでない予算配分の結果であったことに思いを致すべきでしょう。現在の科学行政、研究環境でこれから10年後、日本から果たしてノーベル賞が出るのでしょうか。この傾向を生前目のあたりにしたとしたら、小田はまさに自分の危惧が現実になったと思うのではないでしょうか？

参考資料

・小川原嘉明「小田稔先生ご逝去」天文月報94巻6号（2001年、日本天文学会）
・小田稔「X線天文学の誕生とその発展」日本物理学会誌51巻8号（1996年、日本物理学会）
http://www.jps.or.jp/books/50thkinen/50th_08/002.html

フランク・ドレイク

地球外生命の探究者

▲フランク・ドレイク／絵＝吉澤正
［https://upload.wikimedia.org/wikipedia/commons/7/75/Frank_Drake_-_edit.jpg を参考にスケッチ］

天文学で近年、多くの人の関心を引きつけ、また最も観測が進んでいる分野は、系外惑星、つまり太陽系の外側の星（恒星）の周りを回る惑星があるかどうか、とそれにともなう地球外生命の探査です。私たちの銀河系には約２０００億の恒星があると考えられています。その中に太陽のように惑星を伴った恒星があるのか？ さらにその中には地球のように知的生命が存在する惑星があるのか？ などは、一般の人ばかりでなく、むしろ天文学者の多くが夢中になっていることがらなのです。

１９３０年代、夜空を見て地球外生命を考える多くの人の中に一人の少年がいました。その少年は、成長してもその思いを忘れることなく天文学者となり、60年、実際に人類最初の地球外生命の探査を始めました。この少年の名は、フランク・ドレイク（Frank Drake, 1930 - ）です。

フランク・ドレイクは、１９３０年にシカゴで生まれました。少年時代から科学に興味をもち、友達と一緒にモーター、ラジオを組み立てて遊んでいたそうです。日本の戦前ならびに戦後間もない時代の科学者の卵もそうであったようにです。８歳から天文学にも興味を抱き、夜空を見上げては太陽以外の恒星を周る惑星と、そこに住む宇宙人を想像していました。しかし彼の置かれた環境は、宗教的な理由からそのようなことを口に出すことがはばかられたようです。

高校卒業後、海軍からの奨学金を得てコーネル大学に進学し、電子工学を勉強します。１９５１年、当時有名だったウクライナ出身の国際天文学会副会長、オットー・シュトルーベ（Otto Lyudvigovich Struve, 1897 - 1963）の講義を聴いたことで少年時代の想像がよみがえります。講義の最後でシュトルーベは、銀河系のほぼ半数の恒星は惑星をもつこと、そしてその中には生命が存在する惑星があるだろうという話をしたのです。

■地球外生命の痕跡を求めて

ドレイクは自分と同じことを考えている天文学者がいることに勇気づけられ、天文学者の道へ進むことを考え始めました。しかしその道は真っ直ぐではありませんでした。彼の得た奨学金は、大学卒業後

３年間は海軍で働いて返すという条件があったのです。とはいえ、海軍での経験は無駄どころか、その後の彼に大いに役立つことになりました。というのは大学で学んだ電子工学の知識を生かして当時最新の重巡洋艦の電子機器に触れることができたからです。

海軍での役務期間を終えた後、ドレイクはついに、天文学者への道を歩むべくハーバード大学の大学院に進学します。最初、可視光天文学を研究しましたが、夏休み期間だけ電波天文学での働き口があったので、それに応募したのがきっかけで電波天文学にはまっていきました。彼の海軍で身につけた電子工学の経験が電波天文学に生かされて、電波望遠鏡の微調整、保守に縦横無尽に活躍し、頭角を現していくのでした。１９５８年に大学院を卒業したドレイクは、新たにできたウェストバージニア州グリーンバンクにある国立電波天文台に職を得ます。次いで60年、ドレイクを中心として「オズマ計画」と呼ばれる最初の宇宙人探査が行われました。この探査は、もし知的生命体が存在すれば何らかの意味ある電波信号を出しているはずだという予想のもとに、太陽に似た12光年かなた、くじら座のタウ星と、１０・５光年かなたのエリダヌス座エプシロン星からの電波信号を受け取ろうとするものでした。観測は2週間続きましたが、それらしい信号は得られませんでした。ちなみに現在ではこれらの恒星には惑星が存在することが知られています。特にクジラ座タウ星の惑星の一つには生命が存在する可能性があるといわれています。もちろんドレイクはその間、宇宙人探しだけをしていたわけではなく、木星の磁気圏と電離層の存在を明らかにする観測もおこなっていました。

オズマ計画は失敗に終わりましたが、ドレイク本人も初めから成功すると思っていたわけではなかったでしょう。オズマ計画をきっかけとして1961年、ドレイクは最初のSETI（セチ）会議を開催しました。「SETI」というのはSearch for ExtraTerrestrial Intelligence（地球外知的生命探査）の頭文字をとったものです。

■ドレイクの式

この会議の席上ドレイクは、以後「ドレイクの式」として知られるようになった〝世界で二番目に有名〟な式（一番有名とされるのは、アインシュタインによる、質量（m）とエネルギー（E）の等価式「$E = m \times c^2$」）を提案します。

$$N = (N_* \times f_p \times n_e \times f_l \times f_i \times f_c \times L / T$$

左辺のNが銀河系に存在する文明の数です。したがってこの式は、銀河系内の恒星の数（N_*）、恒星が惑星をもつ割合（f_p）、恒星あたり生命が誕生するのに適した惑星の数（n_e）、そのような惑星上で生命が進化する惑星の割合（f_l）、生命が存在する惑星でさらに知的生命へと進化する割合（f_i）、知的生命が恒星間通信ができるほど進化する割合（f_c）、そのような文明が存続する年数（L）の積を銀河年齢（T）で割ることにより評価できるということを示しています。

ドレイクの式の右辺の各項の正確な値を観測から決めることはできませんが、ある程度の予想はできます。たとえば地球上で最古の化石は約35億年前のものです。一説には38億年前の化石に生命の兆候があるともいわれています（2017年3月1日号の英科学誌「ネイチャー」電子版に、「カナダで採掘した岩石の中から、42億〜37億年前に海底の熱水噴出孔によって活動していた可能性がある生命の痕跡を発見した」というイギリスの大学などの研究チームの研究成果が発表されてはいますが、これはまだ、他の研究者によって確認調査がなされてはいませんし、時期の推定範囲の最近値が「38億年」より新しいことも要注意です……）。岩石の調査から推定されている地球誕生の時期は約46億年前ですから、地球が誕生してから10億年以内には生命が誕生したこと、そして文明にまで達するにはそこから約35億年という時間が必要なことを示しています。したがって「地球上の霊長類と類似の知的生命体」が誕生する恒星は少なくとも40数億年以上という寿命をもたなければなりません。

恒星（主系列星）の寿命はその恒星の質量によって決まります。質量の大きな恒星ほど中心部の温度が高く、核融合が急速に進んで寿命が短くなります。たとえば太陽質量の２倍の質量の恒星の中心部の燃料（水素）は、13億年程度で燃え尽きてしまいます。したがってそのような恒星で惑星が存在しても原始的な生命は現れるかもしれませんが、知的生命にまでは進化する時間はありません。

こうして、銀河系に２０００億個程度の恒星があったとしても、太陽程度以下の質量をもった恒星の惑星にしか知的生命が存在する可能性はないことが示せます。

また、生命が存在するためには生体内で化学反応を起こしエネルギーをつくらなければなりません。一般に化学反応は化学物質が液体に融けている状態で進行するので、何らかの液体、たとえば液体の水が必要不可欠だと考えられます。惑星が存在したとしても余りに恒星に近ければ熱過ぎて液体は蒸発してしまい、あまりに遠いと凍り付いてしまうので、恒星から適当な距離にできた惑星上にしか生命は存在できないでしょう。もっとも、恒星から遠くても惑星自体がエネルギー源になる場合もあるかもしれません。たとえば木星の衛星エウロパや土星の衛星エンケラドスには液体の海が存在し、土星の衛星タイタンにはメタンやエタンの湖や川が存在するらしいことが観測から分かっています。これらの衛星は惑星の強い潮汐力によって内部が周期的に変形し、その摩擦熱がエネルギー源になっていると思われます。いずれにせよ、何らかの液体が存在する領域は、恒星あるいは大きな惑星から近くもなくまた遠くもない狭い範囲なのです。この範囲を「居住可能域（habitable zone）」といいますが、この範囲にできた惑星や衛星でしか生命は生まれないでしょう。

このように、銀河系の中の恒星の多くは惑星をもっていると考えられていますが、その中で知的生命が存在する可能性のある惑星はそれほど多くはありません。もちろんその数はゼロではなく、地球に似た惑星を探す観測は現在進行形で行われており、すでに地球程度の質量の惑星がいくつか見つかっています（例として、２０１６年８月に欧州南天文台などの努力で発見された、太陽系から４・２光年先のプロキシマケンタウリを回るプロキシマケンタウリ－ｂや、同じく欧米の研究者が17年２月に発見を発表した、約40光年先の矮星「トラピスト－１」の周りを回る地球型惑星７個「トラピスト－１惑星系」などがあります）。またこのような惑星の大気の成分を観測して植物に特有の波長の光を検出する試みも行われています。生命の兆候が存在する惑星の発見もそう遠くはないでしょう。

１９６３年、ドレイクはコーネル大学の電波物理学・宇宙科学研究所に移り、64年から84年まで、コーネル大学の天文学教授の任にある傍ら、プエルトリコの、自然の地形を生かした、当時世界最大の口径

（300メートル）を誇る電波望遠鏡をもつアレシボ電波天文台の所長を務めました（2017年現在の世界最大口径鏡は、16年9月に中国貴州省で稼働を開始した口径500メートルの「Fast鏡（中国名『天眼』）」）。またドレイクは、1972年には太陽系を離れる惑星探査機パイオニア10号、11号に載せた宇宙人へのアルミのメッセージをカール・セーガン（P・265参照）と一緒にデザインしました。さらに74年には、アレシボ電波望遠鏡の改装を記念する式典で、電波のメッセージを作り地球から約2万5000光年かなたのヘラクレス座球状星団M13に向けて送信しています。このメッセージは1679個のビットからできていて、アレシボ望遠鏡の絵の他に1から10までの数字や水素、炭素などの原子番号、DNAの構造、人間の姿などの情報が含まれていて「アレシボ・メッセージ」として知られています。

コーネル大学引退後、ドレイクは1988年まで、カリフォルニア大学サンタクルーズ校自然科学部の学部長を務めました。

最後にドレイクの言葉を引用しておきましょう。

「人、動物、植物そして宇宙人は、みな星のかけらでできた兄弟です」

宇宙の始めにできた元素は水素やヘリウムなどごくわずかで、惑星や生物などをつくっている炭素、酸素、窒素、鉄などの元素は星の中や最後の爆発（超新星爆発）の際に作られたものです。まさに星のかけらです。私たちが宇宙人探しに興味をそそられるのは、それが兄弟探しだからなのかもしれません。

系外惑星発見の歴史

銀河系の恒星が惑星をもつだろうことは昔から予想されていました。中世でさえイタリアのジョルダノ・ブルーノが太陽系のような惑星を持った恒星は無数にあると主張していました。もっともこのためブルーノは、キリスト教会の怒りに触れて火あぶりの刑に処せられてしまいましたが……。

科学としての天文学が成立した19世紀には、すでにほとんどの天文学者は恒星が惑星をもつことは当然と思っていたはずです。とはいっても、それを確かめる技術は20世紀の中頃まで存在しませんでした。この技術は、ドップラー法と呼ばれるものです。二つの星が連星系を形づくっている場合、お互いの周りをまわることになり、地球から見ると星は天球上でふらついて見えます。地球から星が遠ざかるときは受け取る光は星が出した光の波長よりも長くなり、近づいているときは短い波長の光で観測されます。これをドップラー効果といいますが、この効果によるスペクトルの時間変化を観測することで星の運動が分かります。音に関する限り、ドップラー効果はすでに19世紀に知られていましたが、問題は惑星の質量が恒星に比べて極端に小さいことです。惑星が存在していたとしてもその影響はごくわずかで、恒星自身のふらつきが非常に小さいことです。

20世紀中ごろになってようやく、この小さなふらつきを検出する技術が発達し、実際の系外惑星探査の試みは１９４０年代から始まりました。下って60年には、地球から約６光年離れたバーナード星に惑星が存在するという報告があって有力視されましたが、結局、否定されました。しかし95年、ついに最初の系外惑星が発見されました。

実際にはこれより前の１９９２年、中性子星という半径10キロメートル程度で太陽ほどの質量をもつ非常に重力の大きな星（おとめ座、距離９８０光年のＰＳＲ Ｂ１２５７＋１２）の周りに惑星が発見されています。しかしそのような惑星には生命にとって致命的な高エネルギーの粒子が降り注いでいるため生命は存在しないと考えられています。

１９９５年に発見された惑星は、太陽のように中心部で水素が核融合を起こしてエネルギーを出している、主系列星と呼ばれる恒星の周りの惑星です。

しかし、この発見は全くの予想外でした。というのはそれまでの惑星形成理論の常識では、恒星の近くには地球型の岩石惑星、遠くには木星のような巨大なガス惑星ができると考えられていました。

ところが発見された惑星は、太陽系の水星の公転軌道よりも内側を１日程度の周期で回っている、木星のような巨大な惑星だったのです。このように、太陽に近い公転軌道をとっている、木星より大きな惑星を「ホット・ジュピター」と呼んでいます。現在ではドップラー法だけでなく、惑星が恒星の前を通るときに恒星の一部を隠すことによって恒星の明るさがごくわずかに変わる現象を用いる方法（トランジット法）などいくつかの方法が開発されています。それらの方法を駆使することにより、本文でも述べたような、地球のような岩石惑星も発見されています。

いま見てきたような事情で、恒星が惑星をもつことが当たり前になりましたが、どんな惑星系ができているかについては、太陽系がその典型的な例ではないことが分かってきました。また２００９年にＮＡＳＡが打ち上げた系外惑星探査機「ケプラー」によって、（「ジェラルド・カイパー」の章でも述べた通り）２０１７年４月現在、３６００個以上の惑星が発見されています。

参考資料

・Jaime Trosper May *"Frank Drake"*（Ｗｅｂサイトのfuturism.comに、Know Your Scientist の

括りで収載された伝記)

http://futurism.com/know-your-scientist-frank-drake/

・Jay Bitterman "*Astronomy Bio...Frank Drake*"(アメリカ・イリノイ州レイク郡のレイク郡天文協会で２０１７年９月15日に開かれた月例会議の報告書に収載された２００４年５月刊行の文書)

http://www.lcas-astronomy.org/articles/display.php?filename=frank_drake&category=biographies

・"*Drake,*"(天文学、天体物理学、進化学、地球科学に関するＷｅｂサイト、astronoo.com に収載された伝記の、フランス語からの自動翻訳版．２０１３年６月１日更新)

http://www.astronoo.com/en/biographies/frank-drake.html

カール・セーガン

宇宙生物学への傾倒

▲カール・セーガン／出典＝ Wikipedia パブリックドメイン（https://upload.wikimedia.org/wikipedia/commons/b/be/Carl_Sagan_Planetary_Society.JPG）

最近の天文学で最も興味を持たれている「宇宙生物学」の開拓者であるとともに、一般科学書やＳＦ作品を通して天文学を一般の人々に身近なものとし、１９８０年代から90年代初めにかけて最も有名な科学者の一人となった人物、カール・セーガン（Carl Edward Sagan, 1934 - 96）をとりあげましょう。

カール・セーガンは１９３４年、ロシア系ユダヤ人移民の長男としてニューヨークに生まれました。父は洋服の仕立て職人でしたが、大恐慌のときには劇場の案内係りをやって一家を支えました。母親は向学心にあふれていましたが、女性であることや子供のころ貧しかったせいで思うように勉強できなかったことなどから、息子のカールに寄せる期待は並々ならないものがありました。後にセーガンは自分の両親について、「科学についてほとんど何も知らなかったが、科学に必要で両立が難しい〝疑うこと〟、そして〝驚くこと〟を教えてくれた」と回想しています。

4歳のとき、両親は子供たちをその年ニューヨークで開かれていた万国博覧会につれていきました。そこで科学技術の発展と未来都市の予想を目のあたりにし、また100年後に開けられるタイムカプセルが埋められる現場を目撃することもできました。自分の知らない広大な世界と夢のような未来が広がっていることによほど感動したとみえ、のちにこの4歳のときの経験を、「人生の転機になった」とまで語って追想しています。実際、このときからセーガンは「自然をもっと知りたい」という強い欲求を抱き始め、図書館通いを始めました。

星の本からは、夜空に輝く星の一つ一つは太陽と同じ恒星なのだが、非常に遠くにあるため、点にしか見えないことを知り、宇宙の壮大さに驚愕したそうです。また友人と一緒に自然史博物館にいき、プラネタリウムや恐竜の化石を見て、天文学、科学への夢はさらに膨らんでいくのでした。

またセーガンは、H・G・ウェルズ（Herbert George Wells, 1866 - 1946）やE・R・バローズ（Edgar Rice Burroughs, 1875 - 1950）の宇宙物のSFを読みふけり天文学に引かれていきます。その頃、おじいさんに天文学者になりたいといったところ、「それはいい考えだが、どうやって稼ぐの？」と聞かれ、納得してその夢はあきらめてしまいます。

１９４７年、未確認飛行物体（ＵＦＯ）がニューメキシコ州のロズウェル陸軍飛行場付近で墜落し軍隊によって回収されるという事件が起こり、アメリカでＵＦＯが一大ブームになりました。セーガンはこのＵＦＯこそ宇宙人の宇宙船と思ったそうです。

翌年、一家は父の仕事の関係でニュージャージー州に移り、セーガンは地元の高校へ進学します。もちろん、成績はトップクラスでしたが、セーガンにとって高校の授業は退屈この上ないものでした。セーガンの才能を見抜いた先生は、公立の高校はレベルが低過ぎるので、私立の高校へ通わせてはどうか、と両親に薦めますが、経済的な理由からそれはかなわない話でした。授業は退屈でしたがセーガンは学校でも家に帰っても化学実験をして分子構造について学びました。セーガンは、天文学は趣味として、卒業したら父親の仕事の手伝いをするつもりだったそうです。しかし、あるとき「天文学者」という職業があることを知り驚喜します。好きなことをやってお金がもらえるということで、セーガンが子供の頃あきらめた天文への道が、こうして開けたのでした。

セーガンは奨学金を得て、１９５１年に、シカゴ大学に入学し、物理学を勉強しました。天文学者への夢の第一歩です。物理を勉強するかたわら遺伝学者ハーマン・Ｊ・マラー（Hermann Joseph Muller, 1890 - 1967）の実験室でも遺伝学の修業を積みました。このことはセーガンの関心の広さをうかがわせると同時に、後年の宇宙生物学への関心をものがたってもいます。55年にシカゴ大学を卒業したセーガンは、大学院に進みノーベル化学賞受賞者ハロルド・ユーリー（Harold Clayton Urey, 1893 - 1981）の下での生命の起源の研究と、ジェラルド・カイパー（Ｐ・51参照）の指導による惑星科学とで、ともに博士号を取得しました。

惑星の研究では、特に金星からの電波を調べて、その表面が摂氏５００度にも達する非常に高温状態になることを予想しました。この予想は１９６２年、セーガン自身も関与した金星探査衛星マリナー2号によって確認されました。

１９６０年から62年まで、カリフォルニア大学バークレー校で生命の起源に関する研究を行い、61年には金星の環境を人為的に改造して生命の生存を可能にする手法の可能性を論じた論文を発表して、科学としての「テラフォーミング」の研究に先べんをつけることとなりました。

さらに、１９６２年から68年まで、マサチューセッツ州にあるスミソニアン天体物理観測所で金星の温室効果、火星の季節変化、木星の大気などの研究などを行います。68年、セーガンはコーネル大学に移ります。この移籍の陰には、ハーバード大学における正教授への昇進条件が、セーガンを阻んだという事情がありました。セーガンの研究スタイルは、自分がアイデアを出し、学生がそのアイデアに基づいて手足を使い実験をするというものだったため、すべての研究論文の著者が連名となり、単独名の論文がありませんでした。ところが、ハーバード大学では、単独名の論文がない研究者は正教授になれないという規則がありました。結果的に、ハーバード大学からは「業績不足」の評価が下されたというわけです。

このころからセーガンは、一般の人々へ天文学・科学の知識を広げる活動を活発におこなうようになりましたが、それが一部の研究者から自己宣伝活動と見なされ、評価を下げました。これも、ハーバードを去る一因となりました。

シカゴ時代の指導教官のユーリーなどは、選考委員会への手紙に「（セーガンは）教授にしない方がいい」としたため〝推薦状〟まで書く有り様でした。同様のことは１９８４年と92年に米国科学アカデミー会員に推薦されたときにもありました。やはりセーガンは、「業績が足りない」として入会を拒否されています。

コーネル大学に移った年、スタンリー・キューブリック監督の映画「２００１年宇宙の旅」のコンサルタントをつとめました。１９７１年、コーネル大学の正教授となり、惑星研究所の所長、72年から81年までは電波物理と宇宙研究所の副所長に就任しました。この間、数度にわたってＮＡＳＡの惑星探査機の企画に携わりました。

特に地球外知的生命体へ向けた人類のメッセージを、フランク・ドレイク（Ｐ・２５３参照）とともに考案し、それを刻んだ金属板は１９７２年に打ち上げられた木星探査機パイオニア10号、11号に搭載されました。その後、金属板は改良され、77年に打ち上げられたボイジャー１号、２号にも搭載されて、現在、太陽系を離れて広大な宇宙を旅しています。

セーガンは、１９７０年代から数多くの科学入門書を書き、科学の広汎な普及に努めました。78年からは、それまで例を見ない視覚効果を伴い、観測事実に基づいた、壮大な宇宙についてのドキュメンタリーテレビ番組「コスモス」の制作に関わり、セーガンみずからコメンテーターを務めました。セーガンの狙い通り、このシリーズは視聴者から圧倒的な支持を得て大成功をおさめ、81年のエミー賞の部門賞を受賞しました。この番組は、セーガンが亡くなるまでに60以上の国で放送され、5億人の人が見たといわれています。セーガンはニュースマガジンのＴｉｍｅ誌でも取り上げられ、科学者以上の扱いを受けるようになりました。

しかしその一方、「コスモス」に力を入れ過ぎるあまり、しばしば大学の講義を休み、同僚からはひんしゅくを買う一面もあったようです。量産する科学紹介書の内容についても、「科学を単純化し過ぎている」と批判されることもありました。

それに対してセーガンは、「科学者は、自分のおこなっていることをサポートしてくれている一般の人々に説明する義務があり」、「科学者が思っているより一般の人々は賢い」と反論しています。

セーガンは、地球外生命探査には大学院生のころから興味をもち、本書でも紹介しているフランク・ドレイク（Ｐ・２５３参照）を助けて、アレシボの口径３００メートル電波望遠鏡で宇宙人へメッセージを送る計画に参加しました。また１９８０年には、太陽系惑星の探査、地球外生命の探査、地球近傍天体の発見などを目的に、惑星学会の創設にも尽力しました。

セーガンは、惑星環境や地球外生命を考えることで、地球環境、人間社会の問題の本質に迫る見識をもち、社会問題にも積極的に発言してきました。当時、ソ連のアフガニスタン侵攻をきっかけに国際情勢は新たな緊張の時代に突入していました。いわゆる新冷戦です。このときセーガンは他の４名と共同で核戦争による爆発やそれに伴う大規模な火災、舞い上がった粉塵が大規模気候変動を引き起こし氷河期が訪れるという、いわゆる「核の冬」レポートを出し、核戦争の脅威を訴えたことは有名です。

セーガンは１９７４年、ＳＦ小説に対して与えられるジョン・キャンベル賞、天文学を普及させた業績に与えられるクルンプケ・ロバーツ賞を受けたほか、78年にピューリッツアー賞ノンフィクション賞、81年にヒューゴ賞ノンフィクション賞、さらに85年には、エコテクノロジーに顕著な寄与をした個人に与えられる本田賞、90年には物理学の教育に貢献したアメリカ人に贈られるエルステッド・メダルなど、もろもろの賞を受けました。

これらはいずれも、科学的な業績に対するものでなかったことは注目に値します。これはテラフォーミングや地球外生命探査など、セーガンの研究は物理学や天文学という特定の学問分野の枠に収まらなかったことに由来するといっていいでしょう。

現在の学問の世界では、分野間を横断するような研究に焦点が当たっていることを考えると、セーガンは時代の先をいっていたといえます。

また科学者が科学の世界に閉じこもらず、社会に積極的にかかわり、研究成果を発信することの重要性は次第に認識されていきます。このことは１９９３年、アメリカ天文学会が「公共の科学理解のためのカール・セーガン賞」を設け、最初の受賞者にセーガン本人を選んだことからも納得がゆきます。

このように、幅広いスタンスで活躍するセーガンでしたが、60歳のときに骨髄の病に倒れ、骨髄移植でいったんは回復したものの、１９９６年、肺炎を患い、惜しまれつつ亡くなりました。セーガンの死後の評価はさらに高まり97年、アメリカ天文学会は宇宙の研究と理解に寄与した個人、団体をたたえるために「カール・セーガン賞」を設立しました。

参考資料

・Carl Sagan, Biography.com
http://www.biography.com/people/carl-sagan-9469191
・Carl Sagan, Encyclopaedia Britannica
https://global.britannica.com/biography/Carl-Sagan
・Carl Sagan's Life and Legacy as Scientists, Teacher and Skeptic, by D. Morrison, Skeptical Inquirer, Vol 31.1
http://www.csicop.org/si/show/carl_sagans_life_and_legacy_as_scientist_teacher_and_skeptic

著　者：二間瀬 敏史（ふたませ としふみ）

1953年，北海道札幌市生まれ，1976年，京都大学理学部卒業．英・ウェールズ大学カーディフ校博士課程（Ph.D），マックス・プランク天体物理学研究所，米・ワシントン大学研究員などを経て，弘前大学助教授，同教授，東北大学大学院理学研究科教授，2016年から京都産業大学教授．東北大学名誉教授．

専攻：一般相対性理論，宇宙論．

主な著書『宇宙物理学』（朝倉書店），『シリーズ現代の天文学3 宇宙論II』（共著，日本評論社），『ブラックホールに近づいたらどうなるか』（さくら舎）など多数．翻訳『シュッツ：相対論入門』（共訳，丸善出版）など．

宇宙を見た人たち

2017年10月12日　第1刷発行

発行所　㈱海鳴社　http://www.kaimeisha.com/
〒101-0065　東京都千代田区西神田２－４－６
Eメール：kaimei@d8.dion.ne.jp
Tel.：03-3262-1967　Fax：03-3234-3643

発 行 人：辻　信 行
編　　集：木 幡 赳 士
組　　版：海　鳴　社
印刷・製本：モリモト印刷

出版社コード：1097

ISBN 978-4-87525-335-8